東京大学工学教程

情報工学
形式論理と計算可能性

東京大学工学教程編纂委員会 編　　蓮尾一郎　著
浅田和之

Formal Logic
and Computability
SCHOOL OF ENGINEERING
THE UNIVERSITY OF TOKYO

丸善出版

東京大学工学教程

編纂にあたって

　東京大学工学部，および東京大学大学院工学系研究科において教育する工学はいかにあるべきか．1886 年に開学した本学工学部・工学系研究科が 125 年を経て，改めて自問し自答すべき問いである．西洋文明の導入に端を発し，諸外国の先端技術追奪の一世紀を経て，世界の工学研究教育機関の頂点の一つに立った今，伝統を踏まえて，あらためて確固たる基礎を築くことこそ，創造を支える教育の使命であろう．国内のみならず世界から集う最優秀な学生に対して教授すべき工学，すなわち，学生が本学で学ぶべき工学を開示することは，本学工学部・工学系研究科の責務であるとともに，社会と時代の要請でもある．追奪から頂点への歴史的な転機を迎え，本学工学部・工学系研究科が執る教育を聖域として閉ざすことなく，工学の知の殿堂として世界に問う教程がこの「東京大学工学教程」である．したがって照準は本学工学部・工学系研究科の学生に定めている．本工学教程は，本学の学生が学ぶべき知を示すとともに，本学の教員が学生に教授すべき知を示す教程である．

　2012 年 2 月

2010–2011 年度
東京大学工学部長・大学院工学系研究科長　北　森　武　彦

東京大学工学教程

刊 行 の 趣 旨

　現代の工学は，基礎基盤工学の学問領域と，特定のシステムや対象を取り扱う総合工学という学問領域から構成される．学際領域や複合領域は，学問の領域が伝統的な一つの基礎基盤ディシプリンに収まらずに複数の学問領域が融合したり，複合してできる新たな学問領域であり，一度確立した学際領域や複合領域は自立して総合工学として発展していく場合もある．さらに，学際化や複合化はいまや基礎基盤工学の中でも先端研究においてますます進んでいる．

　このような状況は，工学におけるさまざまな課題も生み出している．総合工学における研究対象は次第に大きくなり，経済，医学や社会とも連携して巨大複雑系社会システムまで発展し，その結果，内包する学問領域が大きくなり研究分野として自己完結する傾向から，基礎基盤工学との連携が疎かになる傾向がある．基礎基盤工学においては，限られた時間の中で，伝統的なディシプリンに立脚した確固たる工学教育と，急速に学際化と複合化を続ける先端工学研究をいかにしてつないでいくかという課題は，世界のトップ工学校に共通した教育課題といえる．また，研究最前線における現代的な研究方法論を学ばせる教育も，確固とした工学知の前提がなければ成立しない．工学の高等教育における二面性ともいえ，いずれを欠いても工学の高等教育は成立しない．

　一方，大学の国際化は当たり前のように進んでいる．東京大学においても工学の分野では大学院学生の四分の一は留学生であり，今後は学部学生の留学生比率もますます高まるであろうし，若年層人口が減少する中，わが国が確保すべき高度科学技術人材を海外に求めることもいよいよ本格化するであろう．工学の教育現場における国際化が急速に進むことは明らかである．そのような中，本学が教授すべき工学知を確固たる教程として示すことは国内に限らず，広く世界にも向けられるべきである．

現代の工学を取り巻く状況を踏まえ，東京大学工学部・工学系研究科は，工学の基礎基盤を整え，科学技術先進国のトップの工学部・工学系研究科として学生が学び，かつ教員が教授するための指標を確固たるものとすることを目的として，時代に左右されない工学基礎知識を体系的に本工学教程としてとりまとめた．本工学教程は，東京大学工学部・工学系研究科のディシプリンの提示と教授指針の明示化であり，基礎（2年生後半から3年生を対象），専門基礎（4年生から大学院修士課程を対象），専門（大学院修士課程を対象）から構成される．したがって，工学教程は，博士課程教育の基盤形成に必要な工学知の徹底教育の指針でもある．工学教程の効用として次のことを期待している．

- 工学教程の全巻構成を示すことによって，各自の分野で身につけておくべき学問が何であり，次にどのような内容を学ぶことになるのか，基礎科目と自身の分野との間で学んでおくべき内容は何かなど，学ぶべき全体像を見通せるようになる．
- 東京大学工学部・工学系研究科のスタンダードとして何を教えるか，学生は何を知っておくべきかを示し，教育の根幹を作り上げる．
- 専門が進んでいくと改めて，新しい基礎科目の勉強が必要になることがある．そのときに立ち戻ることができる教科書になる．
- 基礎科目においても，工学部的な視点による解説を盛り込むことにより，常に工学への展開を意識した基礎科目の学習が可能となる．

東京大学工学教程編纂委員会　　委員長　加　藤　泰　浩

幹　事　求　　　幸　年

情報工学

刊行にあたって

　情報工学関連の工学教程は全23巻からなり，その相互関連は次ページの図に示すとおりである．この図における「基礎」と「専門基礎」の分類は，情報工学に関連する専門分野を専攻する学生を対象とした目安である．矢印は各分野の相互関係および学習の順序のおおよそのガイドラインを示している．「基礎」は，教養学部から工学部の3年程度の内容であり，工学部のすべての学生が学ぶべき基礎的事項である．「専門基礎」は，情報工学に関連する専門分野を専攻する学生が3年から大学院で学科・専攻ごとの専門科目を理解するために必要とされる内容である．「専門基礎」の中でも，図の上部にある科目は，工学部の多くの学科・専攻で必要に応じて学ぶことが適当であろう．情報工学は情報を扱う技術に関する学問分野であり，数学と同様に，工学のすべての分野において必要とされている．情報工学は常に発展し大きく変貌している学問分野であるが，特に「基礎」の部分は確立しており，工学部のすべての学生が学ぶ基礎的事項から成り立っている．「専門基礎」についても，工学教程の考えに則り，長く変わらない内容を主とすることを心掛けている．

＊　　　＊　　　＊

　本書は，情報工学を含む情報関連分野の基礎となっている形式論理と計算可能性に関してコンパクトに解説している．情報分野の諸概念を曖昧さなく記述するために形式論理は大いに役に立つ．また，コンピュータで計算できることを定式化して特徴づけることが情報工学にとって不可欠であるのは明らかだろう．本書の前半は，等式論理を例に形式論理の構文論と意味論を導入した後，命題論理と述語論理の基礎を解説する．冒頭には本書全体に必要な集合の概念と記法をまとめている．後半では，計算可能性の基礎を解説した後，ゲーデルの不完全性定理を通して述語論理と計算可能性を結び付ける．

東京大学工学教程編纂委員会
情報工学編集委員会

viii 情報工学 刊行にあたって

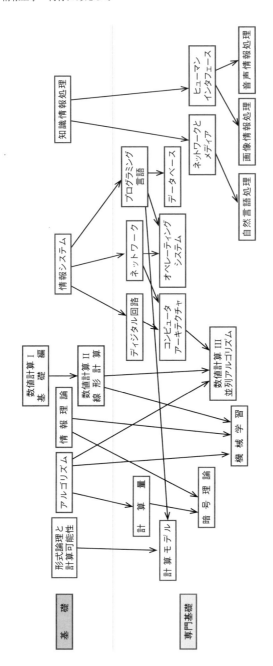

工学教程(情報工学分野)の相互関連図

目　　次

は　じ　め　に 1

1　集 合 論 の 基 礎 **5**

  1.1　集合上の基本的な構成 5

  1.2　関　　　　数 10

  1.3　二　項　関　係 16

    1.3.1　同　値　関　係 18

    1.3.2　二項関係の閉包 22

    1.3.3　順　序　関　係 24

第 I 部　形式論理   **29**

2　等式論理——形式論理のショウケースとして **33**

  2.1　最　初　の　例 33

    2.1.1　多　　項　　式 33

    2.1.2　群 36

    2.1.3　統一的枠組としての等式論理 36

    2.1.4　変数 vs. メタ変数 37

  2.2　項 39

    2.2.1　代　　　　入 42

  2.3　構　　文　　論 43

    2.3.1　等　　　　式 43

    2.3.2　公理と導出規則 44

  2.4　導　　　　出 46

  2.5　意　　味　　論 47

    2.5.1　一つ目のモデル：Σ 代数 48

– ix –

x 目 次

　　　2.5.2 項 の 意 味 49
　　　2.5.3 等式の真偽値 52
　　　2.5.4 二つ目のモデル：(Σ, E) 代数 53
　　2.6 構文論 vs. 意味論 54
　　　2.6.1 健 　 全 　 性 55
　　　2.6.2 完 　 全 　 性 58
　　2.7 形式論理とは？ 64

3 命 題 論 理 **67**
　　3.1 論 　 理 　 式 67
　　3.2 導 　 出 規 則 69
　　3.3 意 　 味 　 論 76
　　3.4 構文論 vs. 意味論 81

4 述 語 論 理 **87**
　　4.1 項 と 論 理 式 87
　　4.2 導 　 出 規 則 94
　　4.3 意 　 味 　 論 97
　　4.4 構文論 vs. 意味論 101

5 命題論理および述語論理の諸性質 **105**
　　5.1 カ ッ ト 除 去 105
　　5.2 理論とコンパクト性 106
　　5.3 構造のクラスの公理化可能性：コンパクト性の帰結として 112
　　　5.3.1 整 列 集 合 112
　　　5.3.2 モ 　 デ 　 ル 113
　　　5.3.3 構造のクラスの公理化可能性 115

第 II 部　計算可能性 　　　　　　　　　　　　　　　**117**

6 帰 納 的 関 数 **121**
　　6.1 原始帰納的関数 121
　　　6.1.1 定 　 　 義 121

		6.1.2	原始帰納的関数の例	123

6.1.2　原始帰納的関数の例 123

6.1.3　原始帰納的述語 126

6.2　帰 納 的 関 数 132

6.2.1　定　　義 132

6.2.2　帰 納 的 述 語 136

7　帰納的関数と while プログラム 139

7.1　While プログラム 139

7.1.1　自然数列の Gödel 数 143

7.1.2　While プログラムの正規化 144

7.1.3　Kleene 標準形定理 147

7.2　Church の 提 題 147

8　帰納的関数の性質 151

8.1　普遍帰納的関数 151

8.2　停止問題の決定不可能性 153

8.3　再　帰　定　理 155

8.4　帰納的枚挙可能述語 159

9　Gödel の不完全性定理 169

9.1　述語論理における理論 169

9.2　不完全性とは？ 171

9.3　理 論 の 複 雑 さ 174

9.4　自然数構造における恒真性の決定不可能性 180

参 考 文 献 183

記 号 一 覧 184

索　　　引 186

は じ め に

形式論理と計算可能性の理論は，計算機科学——ひいては情報工学・情報科学一般——において必須の基礎教養の一つである．それゆえ多数のすばらしい教科書がすでに存在するのみならず（そのいくつかは下に挙げる），オンラインで世界中の研究者による講義ノートを閲覧することさえできる．よって，本書のような新たな教科書の必要性を正当化することは本来むずかしい．筆者らがこれらの理論そのものの研究者でなく，むしろ本来の興味が他にある研究において，形式論理と計算可能性の理論をユーザーとして用いる者である，となればなおさらである．

本書の執筆にあたっては，筆者（蓮尾）が東京大学理学部情報科学科 3 年前期講義「情報論理」のために作成し，2012 年度以来用いている英語版の教科書を基本的に踏襲した．この講義では形式論理と計算可能性の理論の両方を一学期（通常 15 回の講義）で扱うというスケジュール上の制約があり，一般的な講義のやり方——一学期の講義を二つ，形式論理と計算可能性のそれぞれに割り当てることが一般的であろう——と比較して，理論展開が駆け足にならざるをえない．結果として，基本的と思われるトピックの中からさらに取捨選択を行っている．

ゆえにこの講義において（したがって本書において）取り扱う内容は，形式論理と計算可能性の理論そのものの研究を志す読者にとっては不足とならざるをえないし，筆者らによる取捨選択には異論・反論が多数あることは十分承知している．それでもなお，情報工学・情報科学一般の学生がこれらの理論を基礎教養として学ぶにあたり，いくつかの結果を暗誦するのみならず証明のアイデアなどの考え方を身につけ，自らの専門分野に応用できるようになるように，理論展開の動機付けや全体のストーリーの構成に意を尽くしたつもりである．

筆者らはこの点——理論のユーザーとしての視点に徹したコンパクトな教科書——が本書の存在理由として十分であることを望み，読者諸賢の寛恕を乞う次第である．また本書を入り口として，形式論理と計算可能性の理論の豊穣な世界，すなわち，構文論と意味論の秘めやかなインタープレイから生まれる，人や計算機

2 は　じ　め　に

の手の及ばないさまざまな「無限」が活きいきとした実体を獲得する世界に進もうという読者がいれば，筆者らとしては望外の喜びである．

参 考 文 献

　本書の他にぜひ推薦したい文献について触れておく．近年特に，数理論理学および数学基礎論[*1]に関して和書の教科書が充実してきた．たとえば[14,18,22]などがそうであり，他に[19,24]も初学者に大いに薦められる．さらに（本書の最終目標である）不完全性定理にフォーカスした教科書としては[4,12]がある．

　また，本書は（直観や動機付けを重視しているとはいえ，あくまで）技術的細部を積み上げていくスタイルの教科書であるので，理論の向かう先を早く知りたいという読者には，適切な一般向け啓蒙書を同時に読むことが薦められる．残念ながら数理論理学（特に不完全性定理）は初歩的な誤解のある啓蒙書が多数存在するトピックであるが，技術的に正確でありながら理論の重要なポイントをわかりやすく伝えてくれる[13,21]は強く薦められる．特に，数理論理学の「気持ち」を熱く伝えてくる[21]によって，数理論理学を志す者も今後少なくないであろう．

　計算可能性の理論についての和書は多くないが，[15,17]が薦められる．特に[17]では，本書で割愛した詳細およびさらなる直観について丁寧に述べられている．

　様相論理など，本書よりも幅広いトピック群をコンパクトにまとめた教科書としては[19,25]などがある．計算機科学における応用を志向する読者に薦められる．

　上記の参考文献について，当然ながらそれぞれ個性があり難易度やカバーする話題も異なるので，ぜひ図書館で複数を手元に揃えた上で，読者自身の興味や「相性」を考えてじっくり選んでいただきたい．またオンラインの詳細な書評（たとえば鴨浩靖氏や長谷川真人氏によるもの）もたいへん参考になる．

本 書 の 構 成

　本書の構成は以下のとおりである．

---

*1 「数学基礎論」という言葉は，本邦では特に伝統的に「数理論理学」とほぼ同義語として用いられるが，英語ではそれぞれ foundations of mathematics と mathematical logic となり，ニュアンスがだいぶ異なる．

- 第 1 章「集合論の基礎」では，その後の章での議論で用いる「数学のコトバ」，すなわち素朴集合論の言葉について最低限をおさらいする．読者の必要に応じて読まれたい．

- 第 I 部「形式論理」（第 2 章〜第 5 章）では数理論理学の基礎を扱う．扱う話題は最小限にとどめてあり，命題論理や述語論理を（一般的な入門書と同様に）扱う．構文論と意味論の区別，およびオブジェクトレベルとメタレベルとの区別が重要である．

  一般的な入門書と異なる点として，最初に等式論理を「論理体系のショウケース」として用いている．ここでの議論の流れおよび証明の本質的な部分（帰納法による健全性証明，構文論的材料を使った反例モデルによる完全性証明）は，より複雑な命題論理，述語論理においても同様に用いられる．

  第 I 部の構想にあたっては，文献 [19] を大いに参考にした．

- 第 II 部「計算可能性」（第 6 章〜第 9 章）においては，帰納的関数と while プログラムを計算モデルとして用いながら（本書でチューリングマシンは用いない），おおまかに [15, 17] の展開をなぞりつつ，計算可能性の理論を手早く導入する．そののちに，第 I 部の内容とあわせて，不完全性定理（の簡単なバリエーション）の証明の概略を与える．

  本書で証明する不完全性定理は，本来の不完全性定理とは異なる形をしている．これは学部の半期の講義で不完全性定理まで学べるよう仕立て直したものである．そもそも不完全性定理は複数回の学習を通して本質を理解していくことを薦めるものであり，本書の後に本来のものを学び，そして本書の取り扱いと比較することで，より深く学ぶことができるだろう．

数学基礎論は伝統的には証明論・モデル理論・再帰理論・（公理的）集合論に分けられることが多い．本書では第 I 部が証明論とモデル理論の初歩に相当し，特に 5.1 節が証明論，5.2, 5.3 節がモデル理論の入門的な内容である．そして第 II 部の第 8 章までが再帰理論の入門に相当する．第 I 部の内容と第 II 部の第 8 章まではおおむね独立に読むことができるだろう．そして第 9 章の Gödel の不完全性定理は数学基礎論の全分野と結びつく重要な結果である．（なお本書では公理的集合論は取り扱わない．）

4   は じ め に

証明の略された補題，命題や例（「○○はすぐにわかる」など）は演習問題として意図されている．読者の理解のためには，手を動かして自分で証明を補足しながら読み進めることが強く薦められる．

謝　　辞

最後に謝辞を述べる．鹿島亮氏，小野寛晰氏，高橋正子氏は，すばらしい教科書 [15, 17-19] を通じて，また他のさまざまな機会を通じて，筆者らにインスピレーションを与えてくださった[*2]．本書がこれらの教科書から受けた影響は非常に大きい．本書のもととなった講義の前任者である萩谷昌己氏は，講義の内容や進め方について数々の助言をくださった．本書の例のうちいくつかは氏の講義スライドを原典としている．東京大学の大学院生であった本多健太郎氏は本書のもととなった講義の TA として，本書の原型となった英語の教科書に多くのコメントをくださった．等式論理を形式論理のショウケースとして用いることは，アムステルダム大学論理・言語・計算研究所の Yde Venema 氏の助言に基づく．本書が工学教程シリーズの一冊として出版されるにあたり，匿名のレビュアーからは多数の有益な助言をいただいた．以上の諸氏に感謝する．さらに，本書のもととなった東京大学における講義に出席し多数の訂正やコメントを寄せてくださった学生諸氏にも本当に感謝している．一方で，本書の誤りについては筆者らの責任であることは言うまでもない．

2020 年 4 月

蓮尾 一郎・浅田 和之

---

*2　特に鹿島亮氏は筆者（蓮尾）の修士課程の指導教員である．

1 集合論の基礎

　本章では**集合論**の言葉を導入し，次章以降の数学的な議論を展開するための準備とする．ここでいう「集合論」とは**素朴集合論**のことである．実は素朴集合論は，不用意に用いると，ラッセルの逆理などの矛盾した論法をひきおこす．これを回避するのが形式論理の上で展開される**公理的集合論**であり，本書で述語論理を習得した後に学ぶことができるようになる．

本章の使い方　本章の内容は，情報科学・情報工学の大学 2–3 年次で学ぶ理論的科目のほとんどで共通して用いる内容であり，本書での記号の使い方を宣言する以上の意味をほとんど持たない[*1]．よって（素朴）集合論の取り扱いとしては，完全性・読みやすさその他の面で，はなはだ満足のいかないものである．

　読者においては，本章が「コトバ」を定めているだけであるということを肝に銘じてほしい．抽象的な定義がわかりにくくてもとりあえず読み飛ばし，次章以降必要になったところで（巻末の索引を用いながら）戻ってくるような読み方でよい．特に，数学的な概念の名前を一々暗記する必要は決してないことを強調しておく．それらは使っているうちに自然に覚えるべきものである．

参考文献　本章で扱う（素朴）集合論は数学科ではしばしば「集合・位相」という講義名で必修科目とされる．そのための古典的教科書としては [20] などがあり，これらを用いて体系的な知識を得るのもよいが，本書を読み進めるにあたってはわからない概念・単語についてオンラインでピンポイントの解説を得るくらいで十分であろう．

1.1　集合上の基本的な構成

定義 1.1 (部分集合，上位集合，集合の等しさ) X, Y を二つの集合とする．

(1) X が Y の**部分集合**であるとは（$X \subseteq Y$ と書く），X の任意の元が Y の元

[*1]　一方で，数学の記号の使い方は教科書ごとに異なることが多く，記号を定めておくことは必要である．

6   1 集合論の基礎

でもあることをいう．このとき，逆に Y を X の**上位集合**という．

(2) X と Y が**等しい**とは（$X = Y$ と書く），$X \subseteq Y$ かつ $Y \subseteq X$ であることをいう．

次に「集合の本質的な等しさ」を説明する（定義 1.3）．まず，関数 $f: X \to Y$ とは，各 $x \in X$ ごとにちょうど一つの元 $f(x) \in Y$ を対応させる対応関係のことであり，ここで X を**定義域**（または**始域**），Y を**値域**（または**終域**）という．（関数の二項関係による形式的な定義は次節で述べる．）次の定義において，単射は「異なる元 $x \neq x'$ を同一視 $f(x) = f(x')$ するようなことのない関数」であり，全射は「値域 Y を尽くすような関数」である．

定義 1.2 (単射，全射，全単射) 集合 X から Y への関数 $f: X \to Y$ について，

(1) f が**単射**であるとは，任意の $x, x' \in X$ について，$f(x) = f(x')$ ならば $x = x'$ がなりたつことをいう．関数 f が単射であることをしばしば $f: X \hookrightarrow Y$ と書きあらわす．

(2) f が**全射**であるとは，任意の $y \in Y$ に対して，ある $x \in X$ が存在して $f(x) = y$ となることをいう．関数 f が全射であることをしばしば $f: X \twoheadrightarrow Y$ と書きあらわす．

(3) f が**全単射**であるとは，f が単射かつ全射であることをいう．関数 f が全単射であることをしばしば $f: X \xrightarrow{\cong} Y$ と書きあらわす．

定義 1.3 (同型な集合) 二つの集合 X, Y が**同型**であるとは（$X \cong Y$ と書く），X と Y との間に全単射 $f: X \xrightarrow{\cong} Y$ が存在することをいう．このことを，X, Y の間に**一対一対応**があるといったり[*2]，**濃度が等しい**といったりする．

例 1.4

$$\{\text{りんご}, \text{びわ}, \text{りんご}, \text{みかん}\} = \{\text{りんご}, \text{みかん}, \text{びわ}\}$$
$$\neq \{\text{釈迦如来}, \text{文殊菩薩}, \text{普賢菩薩}\}$$

[*2] 文献によっては「単射」の意味で「一対一」という言葉を使うことがある．（「一対一対応」を全単射，「一対一関数」を単射と使い分けることもある．）

集合では元の順序・重複を考慮に入れないため，前者二つの集合は等しい．後者二つの集合は等しくない．一方でこれらの三つの集合はすべて同型である．

　数学においては，集合の元が具体的に何者であるかを気にせず抽象的な議論を行う場合が多い．この意味で同型な集合 $X \cong Y$ は「本質的に同じ集合」である．同様に，単射 $f\colon X \hookrightarrow Y$ が存在する場合，X は「本質的に Y の部分集合」であるといえる（正確には，f の像が Y の部分集合であり，X はこの部分集合と同型）[*3].

定義 1.5 (空集合) 空集合は元を一つも含まない集合 {} のことをいい，$\emptyset$ と書きあらわす．

集合の等しさの定義（定義 1.1）によれば，X, Y がともに空集合であれば必然的に $X = Y$ となる．ゆえに英語では *"the* emptyset" という．
　本書では，0 を自然数に含め，自然数全体の集合 $\{0, 1, 2, \dots\}$ を $\mathbb{N}$ と書く．0 を自然数に含めるかどうかは，数学の中でも分野によりけりだが，論理学や計算機科学では通常含める．

定義 1.6 (可算集合) 集合 S が自然数の集合 $\mathbb{N}$ と同型なとき，S を**可算無限集合**という．集合 S が有限集合または可算無限集合であるとき，S を**可算集合**といい，可算集合でないとき，**非可算集合**という[*4].

可算無限集合は最小の無限集合である．すなわち，集合 S が無限集合（有限集合ではない）のとき，$\mathbb{N}$ から S への単射が存在する（証明は集合論の教科書に譲る）．

定義 1.7 (族，集合族) 任意の集合 I に対して，関数 $f\colon I \to S$ のことを，(I を添字集合とする S の元の）**族**ともいい，$\bigl(f(i)\bigr)_{i \in I}$ と書く．（逆に，$(x_i)_{i \in I}$ と表記されている族は，i に x_i を対応させる関数をあらわしている．）特に，どの i についても $f(i)$ が集合であるとき，その族を**集合族**という．

---

*3　それでも，たとえば集合 $\{0, 1, 2\}$ と集合 { りんご，みかん，びわ } には重要な違いがある，と思うかもしれない．たとえば，前者には誰もが同一のものを認識できるような自然な順序関係があるが，後者にはない，などである．しかし，この二つの集合の間の全単射 f を一つ定めておけば，後者に f を介して前者の自然な順序を誘導することができる．このように「どのような f で同一視するか」ということが重要であることも多いが，文脈から明らかであれば f はしばしば省略される．

*4　「可算無限集合」「可算集合」を，それぞれ，「可算集合」「高々可算な集合」という流儀もある．

8   1 集合論の基礎

$I = \mathbb{N}$ のとき，族を列という：族は数列や点列などを一般化した概念である．また，族 $(x_i)_{i \in I}$ は，集合 $\{x_i \mid i \in I\}$ とは異なる：たとえば，$(0, 1, 2, 3, \ldots)$，$(1, 0, 2, 3, \ldots)$，$(0, 0, 1, 2, 3, \ldots)$ はいずれも異なる列であるが，一方 $\{0, 1, 2, 3, \ldots\}$，$\{1, 0, 2, 3, \ldots\}$，$\{0, 0, 1, 2, 3, \ldots\}$ は同じ集合である[*5]．

定義 1.8 (和, 共通部分) 二つの集合 X, Y に対し，これらの**和**（あるいは**和集合**）$X \cup Y$ と**共通部分** $X \cap Y$ は次のように定義される[*6]．

$$X \cup Y = \{z \mid z \in X \text{ または } z \in Y\} \qquad X \cap Y = \{z \mid z \in X \text{ かつ } z \in Y\}$$

より一般的に，I を添字集合とする集合族 $(X_i)_{i \in I}$ に対し，その**和** $\bigcup_{i \in I} X_i$ と**共通部分** $\bigcap_{i \in I} X_i$ を次のように定義する．

$$\bigcup_{i \in I} X_i = \{z \mid \text{ある } i \in I \text{ に対して } z \in X_i\}$$
$$\bigcap_{i \in I} X_i = \{z \mid \text{すべての } i \in I \text{ に対して } z \in X_i\}$$

ただし，$I = \emptyset$ のときの共通部分は定義されないものとする[*7]．

定義 1.9 (排他的和) 集合 X, Y が**排他的**であるとき，すなわち $X \cap Y = \emptyset$ であるとき，和集合 $X \cup Y$ のことを，$X \sqcup Y$ とも記し，X, Y の**排他的和**とよぶ．同様に，集合族 $(X_i)_{i \in I}$ が**排他的**であるとき，すなわち任意の $i \neq j$ に対して $X_i \cap X_j = \emptyset$ であるとき，和集合 $\bigcup_{i \in I} X_i$ のことを，$\bigsqcup_{i \in I} X_i$ とも記し，$(X_i)_{i \in I}$ の**排他的和**とよぶ．

定義 1.10 (直積) 二つの集合 X, Y の**直積**（あるいは**積**，**カルテジアン積**）$X \times Y$ は，X, Y の元の順序対の集合である．つまり

[*5] 記法「$\{x_i\}_{i \in I}$」が族 $(x_i)_{i \in I}$ を指すか，集合 $\{x_i \mid i \in I\}$ を指すかは文献によるため，どちらを指すか説明なくこの記法を使うのは好ましくない．本書ではこの記法は用いない．

[*6] 記号 $\cup$ と $\cap$ のどちらが和でどちらが共通部分か，わからなくなる初学者が少なくないと聞く．「和集合は英語で "U"nion なので $\cup$」と覚えるとよい．あるいは，和集合・共通部分は和・積に似た概念であり，$\cap$ は積 (product, $p = \pi$) に用いられる記号 $\prod$ と似ている．（一方，$\cup$ は後に登場する「直和」の記号 $\bigsqcup$ に似ている．）

[*7] 定義から $I = \emptyset$ のときの和集合は常に空集合であるが，一方 $I = \emptyset$ のときの共通部分を考えると「すべてのものを含む集合」となってしまう．（和集合は I が小さいほど小さくなり，共通部分は I が小さいほど大きくなることからもこのことが納得できるだろう．）このような「すべてのものを含む集

$$X \times Y = \big\{ (x,y) \mid x \in X,\ y \in Y \big\}.$$

同様に

$$X_1 \times \cdots \times X_n = \{ (x_1, \ldots, x_n) \mid x_i \in X_i \};$$
$$X^n = \{ (x_1, \ldots, x_n) \mid x_i \in X \}.$$

より一般的に，I を添字集合とする集合族 $(X_i)_{i \in I}$ に対し，その直積を

$$\prod_{i \in I} X_i = \{ (x_i)_{i \in I} \mid x_i \in X_i \}$$

と定義する．ここで族 $(x_i)_{i \in I}$ は，各添字 $i \in I$ ごとに X_i の元 x_i の選択を行っている．

注意 1.11 集合 X の「0 個の直積」は空列 ( ) のみを含む**単元集合**である（すなわち $X^0 = \{()\}$ である）．このことは，元の個数 $|X^n| = |X|^n$ を考えても納得できよう．特に（たとえ X が空集合であっても）X^0 は空集合でないことに注意．

定義 1.12 (直和) 二つの集合 X, Y の**直和** $X + Y$ を次のように定義する：

$$X + Y = (\{1\} \times X) \sqcup (\{2\} \times Y).$$

ここで $\{1\} \times X = \big\{ (1,x) \mid x \in X \big\}$ かつ $\{2\} \times Y = \big\{ (2,y) \mid y \in Y \big\}$ であることに注意[*8]．ここでの 1, 2 の役割は「ラベル」である：仮に X と Y に共通部分があるとしても（たとえば $z \in X$ かつ $z \in Y$），$(1,z)$ と $(2,z)$ というふうにその出自を明らかにして，区別するのである．

同様に

$$X_1 + \cdots + X_n = (\{1\} \times X_1) \sqcup \cdots \sqcup (\{n\} \times X_n).$$

より一般的に，I を添字集合とする集合族 $(X_i)_{i \in I}$ に対し，その直和を

$$\coprod_{i \in I} X_i = \bigsqcup_{i \in I} (\{i\} \times X_i)$$

と定義する．

合」を考えると矛盾が生じるということが知られている（カントールの逆理）．除算で 0 で割ってないかチェックするように，集合族の共通部分を考えるときは添字集合が空集合でないかチェックしよう．

[*8] 集合の記法 $\{\cdots x \cdots \mid P(x)\}$ は $\{z \mid$ ある x に対して $P(x)$ かつ $z = \cdots x \cdots\}$ の略記である．

10   1 集合論の基礎

各 $i \in \{1, 2\}$ について，直和の**入射関数** $X_i \to X_1 + X_2$, $x \mapsto (i, x)$ は常に単射であるが，一方，直積の**射影関数** $X_1 \times X_2 \to X_i$, $(x_1, x_2) \mapsto x_i$ は全射とは限らない：実際 $X \neq \emptyset$ に対し射影 $\emptyset \times X \to X$ は全射ではない．

注意 1.13 和 $\bigcup_{i \in I} X_i$ や共通部分 $\bigcap_{i \in I} X_i$，直積 $\prod_{i \in I} X_i$，直和 $\coprod_{i \in I} X_i$ などの集合は，添字集合 I のサイズによらず定義されることに注意しておく（I は非可算集合であろうとかまわない）．

注意 1.14 以下の性質は直積・直和の基本的な性質である：

$$\frac{f_1 \colon X \longrightarrow Y_1 \qquad f_2 \colon X \longrightarrow Y_2}{f \colon X \longrightarrow Y_1 \times Y_2}, \tag{1.1}$$

$$\frac{f_1 \colon X_1 \longrightarrow Y \qquad f_2 \colon X_2 \longrightarrow Y}{f \colon X_1 + X_2 \longrightarrow Y}. \tag{1.2}$$

ここで，二重線の横棒は，その上下が一対一に対応することをあらわす．たとえば (1.1) は (f_1, f_2) という組と f が全単射の対応関係にあることをいっている．

(1.1)・(1.2) の対応関係が実際になりたつことを示すのはむずかしくないが，本書ではこれらの事実を用いることはないので，読み飛ばしてもかまわない．

上記の性質は，直積・直和の圏論における特徴付けに他ならない．詳細については，圏論の初歩を丁寧に解説した文献 [3] を参照せよ．圏論の他の入門書としては [1,5,9] がある．

集合族の直積・直和も (1.1)・(1.2) と同様の性質を持つ．

定義 1.15 (冪集合 $\mathcal{P}(X)$) 集合 X の**冪集合** $\mathcal{P}(X)$ とは，X の部分集合全体の集合である．つまり

$$\mathcal{P}(X) = \{S \mid S \subseteq X\}.$$

特に $\mathcal{P}(X)$ は空集合 $\emptyset$ と X それ自身を常に元として持つことに注意せよ．すなわち，常に $\emptyset \in \mathcal{P}(X)$ および $X \in \mathcal{P}(X)$ がなりたつ．

1.2 関　　数

ここまですでに，**関数**の概念は既知のものとして議論を進めてきた．すなわち関数 $f \colon X \to Y$ とは，各 $x \in X$ ごとにちょうど一つの元 $f(x) \in Y$ を対応させる

対応関係のことであった．本節では，**二項関係**の概念を用いて関数の形式的な定義を与える．

定義 1.16 (**二項関係**) 集合 X, Y の間の**二項関係** R とは，X, Y の直積の部分集合 $R \subseteq X \times Y$ のことをいう．順序対 (x, y) が R に属する（すなわち $(x, y) \in R$）ことを $x \, R \, y$ と書く（図 1.1）．

定義 1.17 (**関数**) 集合 X から Y への**関数** $f : X \to Y$ とは，二項関係 $f \subseteq X \times Y$ であって次の条件をみたすものをいう：任意の元 $x \in X$ に対し，$(x, y) \in f$ なる $y \in Y$ がちょうど一つ存在する[*9][*10]．そのような（一意の）y を $f(x)$ と書きあらわし，また $(x, y) \in f$ であることを $f : x \mapsto y$ とも書く．

二つの矢印 $\to$ と $\mapsto$ を区別せよ．すなわち，$f : X \to Y$ は関数の定義域と値域をあらわし，$f : x \mapsto f(x)$ は元 x の対応関係をあらわす．

　このように特殊な二項関係として関数を定義すると，次の例での疑問に対し明快な解を与えることができる．例に進む前に，「任意の元 $x \in \emptyset$ に対して $P(x)$」という命題は常に真であることに注意せよ．これは直観的には，「任意の元 $x \in \{1, \ldots, n\}$

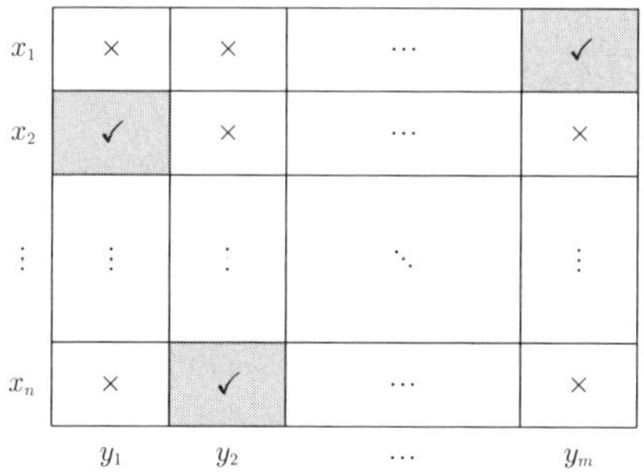

図 1.1　二項関係 $R \subseteq X \times Y$（X と Y がともに有限集合である場合）．

[*9]　「$P(y)$ なる y が**一意**（あるいは**高々一つ**）」というのは，「$P(y), P(y')$ となる任意の y, y' に対して $y = y'$」と定義される．そして「**ちょうど一つ**」は「$P(y)$ なる y が存在し，かつ一意」と定義される．

[*10]　正確には，関数とは (X, Y, f) の三つ組として定義される．すなわち，同じ対応関係であっても定義域や値域が異なれば異なる関数と見なす．これは，先に「同型」などの概念で見たように，関数の「二つの集合の関係性」を表現する役割を重視するからである．

12 1 集合論の基礎

に対して $P(x)$」が「$P(1)$ かつ $\cdots$ かつ $P(n)$」と同じであり，そして「かつ」を演算と見たときの単位元が「真」である（「真かつ P」は「P」と同値）ことから納得できる．（さらなる理解は命題論理や述語論理を学ぶと得られる．）

例 1.18 任意の集合 X を固定する．空集合 $\emptyset$ を定義域とする関数 $f\colon \emptyset \to X$ はちょうど一つある．この関数を**空関数**とよぶ．また，空集合 $\emptyset$ を値域とする関数 $f\colon X \to \emptyset$ は，

- $X = \emptyset$ の場合は一つ，

- $X \neq \emptyset$ の場合は 0 個

存在する．証明は演習問題とする．（ヒント：$\emptyset \times X = X \times \emptyset = \emptyset$ であり，その唯一の部分集合は $\emptyset$．これは定義 1.17 の関数の条件をみたすか？）

定義 1.19 (関数空間 Y^X) 集合 X, Y に対し，X から Y への関数 $f\colon X \to Y$ 全体の集合を**関数空間**とよび，Y^X と書く．すなわち，

$$Y^X = \{f\colon X \to Y, \ \text{関数}\}.$$

文献によっては，関数空間 Y^X を $X \to Y$ や $X \Rightarrow Y$ とも書く．

定義 1.20 (関数合成 $g \circ f$, 恒等関数 id_X) 関数 $f\colon X \to Y$ と $g\colon Y \to Z$ に対して（集合 Y は共通することに注意），これらの**関数合成**

$$g \circ f\colon X \longrightarrow Z$$

を

$$g \circ f\colon x \longmapsto g(f(x))$$

によって定義する．

また，集合 X 上の**恒等関数** id_X とは，

$$\mathrm{id}_X\colon X \longrightarrow X, \quad x \longmapsto x$$

のことをいう．

関数 $f\colon X \to Y$ が全単射であるとは，全射かつ単射であること，つまり

- 値域 Y をすべて尽くし，また

- 異なる 2 元 $x \neq x' \in X$ を同一視 $(f(x) = f(x'))$ しないこと

をいうのであった（定義 1.2）．このことを次のように「集合の元に言及しない形で」言い換えることができる．証明は略す．

補題 1.21 関数 $f\colon X \to Y$ が全単射であるためには次が必要十分である：関数 $g\colon Y \to X$ であって，$g \circ f = \mathrm{id}_X$ かつ $f \circ g = \mathrm{id}_Y$ なるものが存在する（下図）．

$$\mathrm{id}_X \,\begin{array}{c} f \\ X \underset{g}{\overset{}{\rightleftarrows}} Y \end{array}\, \mathrm{id}_Y \qquad ■$$

　部分関数は関数の概念の拡張であり，定義域のうち値の定義されない部分があってもよい．

定義 1.22 (部分関数 $X \rightharpoonup Y$) 集合 X から Y への**部分関数** $f\colon X \rightharpoonup Y$ とは，X のある部分集合 $S \subseteq X$ から Y への関数 $f\colon S \to Y$ のことをいう．

$$\begin{array}{c} X \\ \subseteq \Big\uparrow \\ S \xrightarrow{\quad f \quad} Y \end{array}$$

この集合 S を部分関数 f の**定義域**という．

　部分関数に対比した場合の（普通の）関数を**全域関数**ともよぶ．

補題 1.23 部分関数 $f\colon X \rightharpoonup Y$ は，関数

$$f^{\wedge}\colon X \longrightarrow Y + \{\bot\}$$

と同一視できる．ここで $\bot$ は「未定義」をあらわす新たな記号とする．
　より正確には，次の二つの集合の間にカノニカルな全単射が存在する．

$$\{\,部分関数\ f\colon X \rightharpoonup Y\,\} \quad と \quad 関数空間\ (Y + \{\bot\})^X. \qquad ■$$

注意 1.24 前補題における**カノニカル**の意味は，「『自然』に定まる」あるいは「誰

14   1 集合論の基礎

もが同一のものを認識できる」といったものである（日本語では「**標準的な**」と
いうことが多いが，本書では強調のため「カノニカル」という）.

たとえば前補題の場合，左の集合から右の関数空間へは，$(S$ を定義域とする）
部分関数 $f\colon X \rightharpoonup Y$ に対し関数

$$f^\wedge\colon X \longrightarrow Y + \{\bot\}, \quad x \longmapsto \begin{cases} (1, f(x)) & x \in S,\ \text{つまり}\ f(x)\ \text{が定義されるとき} \\ (2, \bot) & \text{そうでないとき} \end{cases}$$

という対応が自然に定まる[*11]. 逆も同様である.

カノニカルでないものの例としては，例 1.4 における集合 { りんご, みかん, びわ }
と { 釈迦如来, 文殊菩薩, 普賢菩薩 } との間の全単射を考えればよい. このような
全単射は全部で 6 個存在するが，その選び方は恣意的 (arbitrary) である. 同様に，
次元の同じ二つのベクトル空間の間の同型写像も一般にはカノニカルでない.

後で用いる基本的な同型関係を導入しておく.

命題 1.25 集合 $\mathbb{N}$ と $\mathbb{N} \times \mathbb{N}$ は同型である.

（証明） 図 1.2 のように，$\mathbb{N} \times \mathbb{N}$ の各元を数え上げて（すなわち，$\mathbb{N}$ の元を対応さ
せて）いけばよい. ∎

命題 1.26 集合 $Z^{X \times Y}$ と $(Z^Y)^X$ は同型である. ∎

この結果は，関数 $f\colon X \times Y \to Z$ と関数 $f^\wedge\colon X \to Z^Y$ とが（カノニカルに）同
一視できることを主張している：

$$\frac{f\colon X \times Y \to Z}{f^\wedge\colon X \to (Y \Rightarrow Z)}.$$

これは関数型プログラミングにおける**カリー化**の原理に他ならない.（注意 1.14 に
あったとおり，上の二重の横棒は，その上下が全単射の対応関係にあることをあ
らわす.）

[*11]　ここで $f^\wedge$ の定義に 1 や 2 が出てくるのは直和のラベルである：直和の定義から，$Y + \{\bot\} = (\{1\} \times Y) \cup (\{2\} \times \{\bot\}) = \{(1, y) \mid y \in Y\} \cup \{(2, \bot)\}$ なのであった.

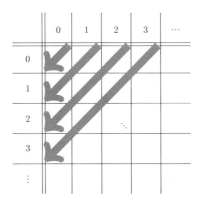

図 **1.2**　$\mathbb{N}$ と $\mathbb{N} \times \mathbb{N}$ の間の全単射.

定義 1.27 (特性関数 χ_S)　$S \subseteq X$ を X の部分集合とする. S の**特性関数** $\chi_S \colon X \to \{0, 1\}$ は次にように定義される:

$$\chi_S \colon x \longmapsto \begin{cases} 0 & x \in S \text{ のとき} \\ 1 & x \notin S \text{ のとき} \end{cases}$$

直観的には 0 が「真」, 1 が「偽」をあらわす.

部分集合 $S \subseteq X$ をその特性関数 χ_S と同一視することで, 次は明らかである.

命題 1.28　冪集合 $\mathcal{P}(X)$ と関数空間 $\{0, 1\}^X$ は同型である.　■

さらに次がなりたつ.

命題 1.29　集合 X, Y の間の二項関係全体の集合は, 関数空間 $\mathcal{P}(Y)^X$ と同型.

(証明)　図 1.3 のように, 各 $x \in X$ に対し $\{y \in Y \mid x \, R \, y\}$ を対応させることで (図中の太い線分), 一つ目の集合から二つ目の関数空間へのカノニカルな全単射が得られる. あるいは, 命題 1.26 と 1.28 を用いれば,

$$\{R \mid R \text{ は } X, Y \text{ の間の二項関係}\} = \mathcal{P}(X \times Y)$$
$$\cong \{0,1\}^{X \times Y} \cong (\{0,1\}^Y)^X \cong \mathcal{P}(Y)^X.$$

　■

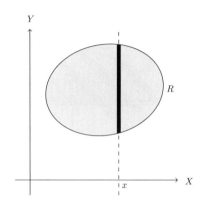

図 1.3　二項関係 $R \subseteq X \times Y$ と，関数 $X \to \mathcal{P}(Y)$.

命題 1.30 添字集合 I の各添字 $i \in I$ に対し $X_i = X$ であるとする．このとき直積 $\prod_{i \in I} X_i$ は関数空間 X^I に同型である． ∎

1.3　二 項 関 係

定義 1.16 で定義した二項関係について関連する事項をさらに述べる．

例 1.31 有向グラフとは，空でない集合 V と二項関係 $E \subseteq V \times V$ の二つ組

$$(V, E)$$

のことをいう．集合 V の元 $x \in V$ を**頂点**とよび，頂点 $x, y \in V$ に対し関係 E がなりたつこと——すなわち $(x, y) \in E$ であること——は，x から y への**辺**が存在することと理解される．

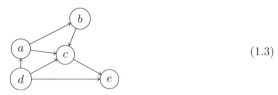

(1.3)

以上の定義によると，根元と行き先が同じ複数の辺（「平行な」辺）は考えないことに注意せよ．

1.3 二項関係　17

定義 1.32 (関係合成 $S \circ R$) 二つの二項関係 $R \subseteq X \times Y$ と $S \subseteq Y \times Z$ に対し（集合 Y が仲立ちであることに注意），これらの**関係合成** $S \circ R \subseteq X \times Z$ を

$$(x, z) \in S \circ R \quad \overset{\text{定義}}{\iff} \quad x\,R\,y \text{ かつ } y\,S\,z \text{ となるような } y \in Y \text{ が存在する}$$

と定義する．

　X と Y との間の二項関係 $R \subseteq X \times Y$ を，関数 $f\colon X \to Y$ にならって

$$R\colon X \rightarrowtail Y$$

と書くこともある（新しい矢印 $\rightarrowtail$ に注意）．そうすると，定義 1.32 における二つの二項関係 R, S は $R\colon X \rightarrowtail Y$, $S\colon Y \rightarrowtail Z$ と書くことができ，関係合成は $S \circ R\colon X \rightarrowtail Z$ となる．関数合成 $g \circ f$ との類似がみてとれるだろう．実際，関数の合成において結合法則 $h \circ (g \circ f) = (h \circ g) \circ f$ がなりたつように，関係の合成でも結合法則 $T \circ (S \circ R) = (T \circ S) \circ R$ がなりたつ．

定義 1.33 (対角関係 Δ_X) 集合 X に対し，X 上の**対角関係** Δ_X とは，以下で定義される X 上の二項関係である：

$$\Delta_X = \bigl\{ (x, x) \in X \times X \mid x \in X \bigr\}. \tag{1.4}$$

　関数の合成においては恒等関数が単位元である（$f\colon X \to Y$ に対し，$\mathrm{id}_Y \circ f = f = f \circ \mathrm{id}_X$）が，関係の合成においては対角関係が単位元となる．すなわち，$R\colon X \rightarrowtail Y$ に対し，$\Delta_Y \circ R = R = R \circ \Delta_X$．

定義 1.34 (R^n) $R \subseteq X \times X$ を（ある集合 X から，同じ集合 X への）二項関係とし，$n \in \mathbb{N}$ を自然数とする．二項関係 $R^n \subseteq X \times X$ を次のように定める．$n \geq 1$ のとき，

$$R^n := \overbrace{R \circ R \circ \cdots \circ R}^{n\,\text{回}}. \tag{1.5}$$

$n = 0$ のとき，$R^0 := \Delta_X$．

　式 (1.5) の右辺は確かに well-defined であることに注意しておく．たとえば $n = 3$ のときは $R \circ R \circ R$ が

$$(R \circ R) \circ R \text{ あるいは } R \circ (R \circ R)$$

18   1 集合論の基礎

のどちらをあらわすかはっきりしない（関係合成 ∘ はあくまで二項演算）．しかし $(R \circ R) \circ R = R \circ (R \circ R)$ であることはすぐに示せるから，このあいまいさは問題にならない．

R^n という「冪」の記法は，「指数法則」つまり $R^{n+m} = R^n \circ R^m$ や $(R^n)^m = R^{n \times m}$ がなりたつことを期待させるが，実際なりたつ．この証明において，関係の合成の結合法則と，$R^0 = \Delta_X$ の単位元の性質が活用される．

定義 1.35 (∗-閉包) $R \subseteq X \times X$ を（ある集合 X から，同じ集合 X への）二項関係とする．R の ∗-閉包とは，次のように定義される関係 R^* のことをいう．

$$R^* := \bigcup_{n \in \mathbb{N}} R^n.$$

すなわち，

$$x \, R^* \, y \iff \text{ある自然数 } n \in \mathbb{N} \text{ に対して，} x \, R^n \, y$$
$$\iff \text{ある自然数 } n \in \mathbb{N} \text{ と } x_0, x_1, \ldots, x_n \in X \text{ が存在して，}$$
$$x = x_0 \, R \, x_1 \, R \cdots R \, x_n = y. \tag{1.6}$$

つまり $x \, R^* \, y$ とは「x から y に R を任意有限回使って到達できる」という意味である（0 回，すなわち $x = y$ でもよい）．

「閉包」とよばれる構成にはさまざまなものがあるが（たとえば位相空間における $\overline{(\_)} : U \mapsto \overline{U}$），これら一般に要請される次のような性質があり，∗-閉包の構成 $(\_)^*$ も確かにこの性質をみたす．

命題 1.36 $R, S \subseteq X \times X$ を二項関係とする．次がなりたつ．

(1) $R \subseteq R^*$.

(2) $R \subseteq S$ ならば $R^* \subseteq S^*$.

(3) $(R^*)^* = R^*$. ∎

1.3.1 同 値 関 係

同値関係は「粗い等号」「抽象的な等号」「ある特定の性質による同一視」の数学的表現であり，本書において（また現代数学一般において）必要不可欠な概念

である．同値関係は同値類とよばれる「属性」をひきおこす：たとえば「地点 A
と B は地続きである」という関係は同値関係であるが，この同値関係による同値
類を考えることによって，「地点 A が所属する大陸／島」という A の属性が立ち
現れる．

　同値関係と同値類を正確に定義していく．

定義 1.37 (反射性，対称性，推移性) $R \subseteq X \times X$ を（ある集合 X から，同じ集
合 X への）二項関係とする.

- R が**反射的**であるとは，すべての $x \in X$ に対し $x\,R\,x$ がなりたつことを
  いう．

- R が**対称的**であるとは，すべての $x, y \in X$ に対し「$x\,R\,y$ ならば $y\,R\,x$」が
  なりたつことをいう．

- R が**推移的**であるとは，すべての $x, y, z \in X$ に対し「$x\,R\,y$ かつ $y\,R\,z$ な
  らば $x\,R\,z$」がなりたつことをいう．

　定義 1.37 にあげた二項関係の三つの条件は，下のように**導出規則**として書きあ
らわすとわかりやすい．

$$\frac{}{x\,R\,x}\ (\text{反射}) \qquad \frac{y\,R\,x}{x\,R\,y}\ (\text{対称}) \qquad \frac{x\,R\,y \quad y\,R\,z}{x\,R\,z}\ (\text{推移}) \qquad (1.7)$$

これらの導出規則は分数のように横線で区切って書き，上から下に読む．すなわ
ち，横線の上の**仮定**がすべてなりたつとき，下の**結論**がなりたたねばならない，と
いうわけである．横線の右隣の (反射) (対称) などは導出規則の名前をあらわして
いる．(反射) の導出規則には仮定がないことに注意せよ．

　導出規則においては，次のように二重線 = を用いることもある．

$$\frac{y\,R\,x}{x\,R\,y}\ (\text{対称}) \qquad (1.8)$$

二重線の導出規則は「ならば，かつそのときに限り」すなわち "if and only if" を
あらわす．関係 R が対称的であるとき，式 (1.8) の "if and only if" 導出規則もみ
たすことは明らかであろう．

　最後に，反射性と対称性を図で表現しておく（図 1.4）．

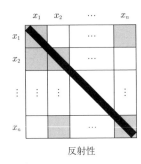 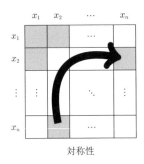

図 1.4　反射性, 対称性.

定義 1.38 (同値関係)　二項関係 $R \subseteq X \times X$ が X 上の**同値関係**であるとは, R が反射的, 対称的かつ推移的であることをいう.

集合 X 上の同値関係 R は, X の元の「チーム分け」をもたらす.

定義 1.39 (同値類 x_R, 商集合 X/R)　R を X 上の同値関係とする. 元 $x \in X$ の R-**同値類** $[x]_R$ とは, 次のように定義される X の部分集合である.

$$[x]_R := \{x' \in X \mid x \, R \, x'\} \subseteq X.$$

R-同値類全体の集合を, 同値関係 R による**商集合**とよび, X/R と書きあらわす. すなわち,

$$X/R = \{[x]_R \mid x \in X\}.$$

商集合 X/R の各元は同値類 (「チーム」) である. 多くの場合 X/R の元の個数は X の元の個数よりも少ない: $x \, R \, y$ の場合 $[x]_R = [y]_R$ となるからである.

次の事実は, 同値関係による「チーム分け」がうまくいっていることをあらわす.

補題 1.40　R を X 上の同値関係とするとき, 集合 X は R-同値類の排他的和である:

$$X = \bigsqcup_{S \in X/R} S.$$

言い換えると, 次の二つの条件がなりたつ.

(1) すべての元 $x \in X$ はいずれかの R-同値類 $S \in X/R$ に属する.

(2) 同じ元 x が二つの異なる R-同値類に属することはない. すなわち, $S, S' \in X/R$ に対して $x \in S$ かつ $x \in S'$ ならば, $S = S'$ である.

(証明) (1)：反射性より $x \, R \, x$ であるから $x \in [x]_R$.

(2)：$x \in [y]_R$ かつ $x \in [z]_R$ であると仮定する. すると $y \, R \, x$ かつ $z \, R \, x$ であるから, 対称性と推移性より $y \, R \, z$. よって $[y]_R = [z]_R$. ∎

定義 1.41 ((商集合への) 射影) R を X 上の同値関係とするとき, 全射 $\pi_R\colon X \twoheadrightarrow X/R$ が次のようにカノニカルに定まる. この写像を, R がひきおこす**射影**とよぶ.

$$\pi_R\colon X \longrightarrow X/R$$
$$x \longmapsto [x]_R$$

図 1.5 に, 同値類と射影の例を示す. この例では商集合 X/R は 3 点集合である.

しばしば同値類は関数からひきおこされる：

定義 1.42 (カーネル $\sim_f$) 関数 $f\colon X \to Y$ は X 上の同値関係 $\sim_f$ を次のようにひきおこす. この同値関係を関数 f の**カーネル**, あるいは f から**誘導される**同値関係とよぶ.

$$x \sim_f x' \stackrel{\text{定義}}{\iff} f(x) = f(x')$$

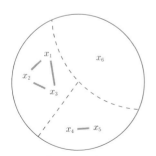

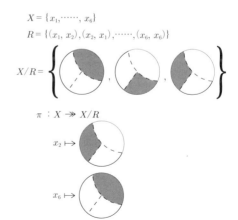

[上図では同値関係 R を線分で示す. ただし各元とそれ自身との関係は省略.]

図 **1.5** 同値類と射影.

22 1 集合論の基礎

実はすべての同値関係 R は，ある関数のカーネルである．実際，射影 $\pi_R\colon X \twoheadrightarrow X/R$ を考えると，R は $\sim_{\pi_R}$ に等しい．

1.3.2 二項関係の閉包

ここでは，定義 1.35 で具体的に定義した $*$-閉包について，より抽象的に論じる．

定義 1.43 (反射推移閉包 R^{rt}) $R \subseteq X \times X$ を二項関係とする．同じく X から X への関係 $S \subseteq X \times X$ が R の**反射推移閉包**であるとは，次のすべてがなりたつことをいう．

(1) $R \subseteq S$.

(2) S は反射的かつ推移的．

(3) S は条件 (1), (2) をみたすもののうち最小．すなわち，反射的かつ推移的な二項関係 $T \subseteq X \times X$ が $R \subseteq T$ をみたすならば，$S \subseteq T$ がなりたつ．

R の反射推移閉包は存在するとすれば一意に定まる：実際，S と S' がともに反射推移閉包であれば，最小性の条件 (3) によって $S \subseteq S'$ かつ $S' \subseteq S$，すなわち $S = S'$ である．よって R の反射推移閉包を R^{rt} と書きあらわす（rt は reflexive, transitive の略）．

この定義の「これこれの性質をみたし，かつ，そのようなものの中で最小」という書き方は数学の多くの場面で現れ，直観的には「関係 R を反射的・推移的になるよう**ギリギリ拡大したもの**」と読むことができる．もしも $x\,R\,x$ がなりたたなければ二つ組 (x, x) を追加し，$x\,R\,y$ かつ $y\,R\,z$ ならば (x, z) を追加し，$\cdots\cdots$ というわけである．

上の定義では反射推移閉包は「存在すれば一意」と書いたが，実際には必ず存在する（次の補題）．

補題 1.44 定義 1.35 で与えた $*$-閉包 R^* は，R の反射推移閉包である．したがって，$R^* = R^{\mathrm{rt}}$．

(証明) 定義 1.43 の三つの条件を確かめる. 条件 (1), (2) は簡単なので略す. 条件 (3)——T が反射的・推移的であり $R \subseteq T$ であれば $R^* \subseteq T$——は次のように示す.

$x\, R^*\, y$ と仮定する. すると式 (1.6) によって,

$$x = x_0\, R\, x_1\, R \cdots R\, x_n = y$$

なる自然数 $n \in \mathbb{N}$ と元 $x_0, x_1, \ldots, x_n \in X$ が存在する. ここで $R \subseteq T$ であるから

$$x = x_0\, T\, x_1\, T \cdots T\, x_n = y$$

もなりたつが, T の推移性（$n = 0$ のときは T の反射性）を用いることにより

$$x = x_0\, T\, x_n = y$$

を得る. ∎

上の補題では, R^{rt} の具体的構成を与えることでその存在を示した. 反射推移閉包 R^{rt} の存在のみが目的であれば, 次の補題のように示すこともできる. 次の証明手法は他の多数の「閉包」に適用可能な, 一般的なものである.

補題 1.45 二項関係 $R \subseteq X \times X$ の反射推移閉包 R^{rt} は必ず存在する.

(証明) 二項関係 R の反射推移拡大すべての集合を $\mathcal{R}$ と書くことにしよう. つまり,

$$\mathcal{R} := \{ S \subseteq X \times X \mid R \subseteq S,\ S\ \text{は反射的かつ推移的} \}$$

すると $\mathcal{R}$ の共通部分

$$\bigcap \mathcal{R} = \bigcap_{S \in \mathcal{R}} S$$

は再度 $\mathcal{R}$ に属することが簡単に証明される[*12]. ゆえにこの共通部分 $\bigcap \mathcal{R}$ は明らかに $\mathcal{R}$ の元のうち最小のものであり, すなわち R の最小の反射推移拡大 R^{rt} に他ならない. ∎

同様の議論によって次が証明される.

[*12] この右辺で, 集合族 $(S)_{S \in \mathcal{R}}$ の共通部分 $\bigcap_{S \in \mathcal{R}} S$ を考えているので, 添字集合 $\mathcal{R}$ が空集合ではないことを確認しなければならない.（定義 1.8 を思い出すこと.）いまの場合, $X \times X$ が $\mathcal{R}$ に属するので, $\mathcal{R}$ は空でない.

24   1 集合論の基礎

補題 1.46 二項関係 $R \subseteq X \times X$ に対し，その**同値閉包**——すなわち，R を含む同値関係の中で最小のもの——は必ず存在する． ∎

1.3.3 順 序 関 係

同値関係以外に重要な種類の二項関係として，順序関係がある．

定義 1.47 (反対称性) 二項関係 $R \subseteq X \times X$ が**反対称的**であるとは，すべての $x, y \in X$ に対し「$x \, R \, y$ かつ $y \, R \, x$ ならば $x = y$」がなりたつことをいう．

これを式 (1.7) と同様に導出規則で表現すると，次のようになる．

$$\frac{x \, R \, y \quad y \, R \, x}{x = y} \text{ (反対称)}$$

定義 1.48 (順序，順序集合，前順序) 二項関係 $R \subseteq X \times X$ が X 上の**順序**であるとは，R が反射的，反対称的かつ推移的であることをいう．順序はしばしば $\leq$, $\sqsubseteq$, ... などの記号で書きあらわす．

集合 X とその上の順序 $\leq$ との二つ組 $(X, \leq)$ のことを**順序集合**とよぶ．

二項関係 $R \subseteq X \times X$ が X 上の**前順序**であるとは，R が反射的かつ推移的であることをいう．

順序は文献によっては**順序関係**や**半順序**ともよび，順序集合は**半順序集合**ともよぶ．さらに，前順序は**擬順序**とよばれることもあり，まぎらわしい．本書では「順序」「前順序」に統一する．

順序と前順序のちがいは「同点」があるかどうか——すなわち $x \lesssim y$, $y \lesssim x$ なる 2 元 $x \neq y$ があるかどうか——である．同点の 2 元を同一視することにより（同値関係によって！），前順序から順序を得ることができる．次の例を参照せよ．

例 1.49 $\lesssim \subseteq X \times X$ を X 上の前順序とする．すると関係 $\lesssim \cap \gtrsim$ は同値関係になることがすぐにわかり（ここで $\cap$ は $X \times X$ の二つの部分集合の共通部分をあらわす），この同値関係を $\sim$ と書く．

このとき商集合 $X/\!\sim$ は自然に順序集合になる．実際，二項関係 $\lesssim \subseteq X \times X$ は $X/\!\sim$ 上の二項関係を

$$[x]_\sim \lesssim [y]_\sim \quad \overset{\text{定義}}{\Longleftrightarrow} \quad x \lesssim y$$

によって定めるが，これは以下のとおり確かに well-defined である．

$$x \sim x',\ y \sim y',\ x \lesssim y \implies x' \lesssim y'.$$

このように定義された関係 $\lesssim \subseteq (X/R) \times (X/R)$ が順序になることも簡単に確かめられる．

定義 1.50 (全順序) X 上の順序 $\leq$ が**全順序**であるとは，次がなりたつことをいう：

$$\text{任意の } x, y \in X \text{ に対して } x \leq y \text{ または } y \leq x$$

全順序においては任意の 2 元の「勝ち負け」が決まる（一般の順序ではそうとは限らず，ゆえに「半」順序ともよばれるのである）．全順序を**線形順序**ともよぶ．

例 1.51 集合 X の冪集合 $\mathcal{P}(X)$ は，包含関係 $\subseteq$ によって順序集合になる．ほとんどの場合この順序は全順序ではない．（全順序になるのは X がどのようなときか？）

一般に，順序集合 $(X, \leq)$ に対して，**狭義順序** $<$ は

$$x < x' \quad \overset{\text{定義}}{\iff} \quad x \leq x' \text{ かつ } x \neq x'$$

で定義される X 上の関係である．狭義順序は常に順序ではない（たとえば反射律をみたすことはない）ことに注意せよ．$\leq$ が全順序のときは，任意の $x, x' \in X$ に対して，$x < x',\ x = x',\ x > x'$ のいずれかちょうど一つがなりたつ．

例 1.52 $(X, \leq_X)$ と $(Y, \leq_Y)$ を順序集合とする．このとき集合 $X \times Y$ 上の**辞書式順序** $\leq$ を，

$$(x, y) \leq (x', y') \quad \overset{\text{定義}}{\iff} \quad x <_X x' \text{ または } (x = x' \text{ かつ } y \leq_Y y')$$

と定義すると，これは順序となる．$\leq_X$ と $\leq_Y$ がともに全順序であるとき，辞書式順序も全順序となる．

定義 1.53 (結び $x \vee y$, 交わり $x \wedge y$) $(X, \leq)$ を順序集合とする．元 $z \in X$ が $x, y \in X$ の**結び**であるとは，次がなりたつことをいう．

(1) $x \leq z$ かつ $y \leq z$.

(2) z はそのような元のうち最小のもの. すなわち, $u \in X$ が $x \le u$ かつ $y \le u$ をみたすならば, $z \le u$.

x, y の結びは存在すれば一意である (最小性条件 (2) と, $\le$ の反対称性から証明できる). ゆえに x, y の結びを $x \vee y$ と書きあらわす.

　同様に, 元 $z \in X$ が $x, y \in X$ の**交わり**であるとは, 次がなりたつことをいう.

(1) $z \le x$ かつ $z \le y$.

(2) z はそのような元のうち最大のもの. すなわち, $u \in X$ が $u \le x$ かつ $u \le y$ をみたすならば, $u \le z$.

x, y の交わり (存在すれば一意) を $x \wedge y$ と書きあらわす.

　上の定義は導出規則で表現すると簡潔でわかりやすい. 二重線 = は "if and only if" の意味であったことに注意せよ.

$$\frac{x \le u \quad y \le u}{x \vee y \le u} \ (\text{結び}) \qquad \frac{u \le x \quad u \le y}{u \le x \wedge y} \ (\text{交わり}) \tag{1.9}$$

たとえばこの導出規則から $x \le x \vee y$ であることを導くには, まず順序 $\le$ の反射性により $x \vee y \le x \vee y$ を導き, 左の導出規則を下から上に使えばよい.

　より一般的に, 多数の (無限個でもよい) 元の結びと交わりを次のように定義する.

定義 1.54 (結び $\bigvee S$, 交わり $\bigwedge S$) $(X, \le)$ を順序集合とし, $S \subseteq X$ を部分集合とする. S の**結び** $\bigvee S$ とは, 次の導出規則を真にするような X の元のことをいう.

$$\frac{\text{任意の } s \in S \text{ に対し } s \le u}{\bigvee S \le u} \ (\text{結び})$$

S の結びが存在すれば一意であることは容易に確かめられる.

　同様に S の**交わり** $\bigwedge S$ を次の導出規則によって定める.

$$\frac{\text{任意の } s \in S \text{ に対し } u \le s}{u \le \bigwedge S} \ (\text{交わり})$$

結びのことを上限あるいは**最小上界**, 交わりのことを下限あるいは**最大下界**ともよぶ.

1.3 二項関係　　27

補題 1.55　(1) 空集合 $\emptyset$ に対して，その結び $\bigvee \emptyset$ は順序集合の**最小元** $\bot_X$ に他ならない（任意の元 $x \in X$ に対して $\bot_X \le x$）．同様に，交わり $\bigwedge \emptyset$ は**最大元** $\top_X$ である．

(2) 最小限 $\bot_X$ が存在するとき，これは結び $\vee$ に関しての単位元である．すなわち，任意の $x \in X$ に対し，

$$\bot_X \vee x = x.$$

同様に $\top_X \wedge x = x$ がなりたつ．　　■

(証明)　(1) は例 1.18 の前で与えた「注意」を思い出すこと．

(2)（の「$\bot_X \vee x \le x$」の部分）は規則 (1.9) を使うよい演習問題である．　　■

定義 1.56 (束，完備束)　順序集合 $(X, \le)$ が**束**であるとは，$(X, \le)$ が次をすべて持つことをいう．

- 最小元 $\bot_X$ と最大元 $\top_X$．

- 任意の $x, y \in X$ に対して，結び $x \vee y$ と交わり $x \wedge y$．

順序集合 $(X, \le)$ が**完備束**であるとは，任意の部分集合 $S \subseteq X$ に対して結び $\bigvee S$ と交わり $\bigwedge S$ が存在することをいう．

例 1.57　(1) 集合 X の冪集合 $\mathcal{P}(X)$ は完備束である．$\mathcal{S} \subseteq \mathcal{P}(X)$ の結びと交わりは具体的には和集合と共通部分によって与えられる：

$$\bigvee \mathcal{S} = \bigcup \mathcal{S}, \quad \bigwedge \mathcal{S} = \bigcap \mathcal{S}.$$

(2) 0 以上 1 以下の実数全体の集合 $[0,1]$ は完備束であり全順序集合である．同じ範囲の有理数全体の集合 $[0,1] \cap \mathbb{Q}$ は全順序集合だし束でもあるが，完備束ではない（部分集合 $\{a \in \mathbb{Q} \mid a < 1/\pi\}$ の結びは存在しない）．

(3) 位相空間 $(X, \mathcal{O}_X)$ を考える（位相空間論に慣れていなければ $X = \mathbb{R}$ を考えればよい）．開集合全体の集まり $\mathcal{O}_X$ は完備束であり，$\mathcal{S} \subseteq \mathcal{O}_X$ の結びと交わりは次のように与えられる．

$$\bigvee \mathcal{S} = \bigcup \mathcal{S}, \quad \bigwedge \mathcal{S} = \left(\bigcap \mathcal{S} \right)^{\circ}$$

ここで $(\_)^{\circ}$ は集合の**内部**をとる構成をあらわす．開集合族の共通部分は開集合とは限らないこと，およびそれにもかかわらず交わりが存在することに注意せよ．

第Ⅰ部

形式論理

「すべての人間は死を免れない．ソクラテスは人間である．ゆえにソクラテスは死を免れない」というような**推論**（または**演繹**）を，数学の研究対象にして，数学的に正確なやり方で扱うのが**形式論理**とよばれる分野である．すなわち，代数学において多項式を扱い，また，幾何学において図形を扱うのと同様に，形式論理においては推論——さらには数学における証明——を数学の研究対象とするのである．

数学的取り扱いのためには，研究対象（ここでは推論）を数学的に正確に定式化する必要がある．このために推論は有限長の記号列として**形式化**される．「形式論理」における「形式 (formal)」という言葉はこのような意味である[*1]．形式化された推論の体系を用いることにより，その数学的性質——健全性，完全性，コンパクト性などの**メタ定理**——について推論（**メタ推論**）することが可能になる．また，工学的・実用的応用においても，形式論理に基づく**証明支援系**や**自動定理証明**はその応用範囲を着実に広げつつある．

第 I 部では命題論理や述語論理を扱うが，まず第 2 章で等式論理を「論理体系のショウケース」として学ぶ．ここで論理学の基本的な枠組みを学んだ後，その枠組みのとおりに第 3 章で命題論理，第 4 章で述語論理を学ぶ．そして第 I 部最後の第 5 章では命題論理や述語論理の若干発展的な話題を学ぶ．その 5.1 節で証明論の，5.2, 5.3 節でモデル理論の一端を垣間見ることができる．

[*1]　より一般に理論計算機科学においては，「形式的」という言葉はしばしば「数学的」と同義である．

2 等式論理
——形式論理のショウケースとして

　本書では他の形式論理の入門書と同様に，**命題論理**と**述語論理**という二つの基本的な論理体系を学んでいく．本章ではそれに先立ち，さらに基本的で簡潔な**等式論理**の体系を学ぶ．ここでの目的は，形式論理の基本的な考え方や問題意識を，簡単な体系を通じて感じ取ることである．

2.1 最 初 の 例

　まず導入としていくつかの例からはじめる．ここで登場する概念の厳密な定義は 2.2 節に譲るので，ここでは全体的な流れを理解してほしい．

2.1.1 多　　項　　式

　読者にとって次の等式はおなじみであろうし，この等式の正しさの証明を与えることも簡単なはずだ：

$$(x + y)^2 = x^2 + 2xy + y^2 \tag{2.1}$$

　ここで質問：コンピュータ（すなわち機械）にも等式 (2.1) が正しいか否かの判定は可能だろうか？　また，コンピュータはその正しさの証明を書くことができるだろうか？

　一つの可能なやり方——実は人間が行うやりかたも，基本的にはこのとおりだろう——は次のような三つのステップからなる．

(1) **言語を決める**．まず推論する数学的対象を表現する記号列——これを**項**とよぶ——を定める．この例では「推論する数学的対象」は積や和の演算を備えた集合の元である．まず任意に可算無限集合 **Var** を固定する．**Var** の元を

－ 33 －

34   2   等式論理——形式論理のショウケースとして

変数とよぶ. 項は以下の導出規則で定義される[*1].

$$\frac{\mathbf{x} \text{ は変数}}{\mathbf{x} \text{ は項}} \text{ (変数)} \qquad \frac{\mathbf{t} \text{ は項} \quad \mathbf{t}' \text{ は項}}{(\mathbf{t}) \cdot (\mathbf{t}') \text{ は項}} \text{ (積)}$$
$$\frac{\mathbf{t} \text{ は項} \quad \mathbf{t}' \text{ は項}}{(\mathbf{t}) + (\mathbf{t}') \text{ は項}} \text{ (和)}$$

(2.2)

次に,「項(が表現している数学的対象)に関する性質」を表現する記号列である**述語**を定める. 本章では, 述語としては等式のみを考える. 等式とは, 項二つ(と等号の記号)からなる列 $(\mathbf{t}, =, \mathbf{t}')$ であり, これを単に $\mathbf{t} = \mathbf{t}'$ と記す.

ところで, ここでいう「言語」とは「記号の体系」あるいは「文法」くらいに思っておくとよい.「プログラミング言語」における「言語」と同じである.

(2) **公理を決める. 公理**とは, なりたつと仮定する等式のことである. ここでは次の公理を考えれば十分である.(明らかな括弧は省略する.)

$$\mathbf{t}_1 \cdot (\mathbf{t}_2 + \mathbf{t}_3) = (\mathbf{t}_1 \cdot \mathbf{t}_2) + (\mathbf{t}_1 \cdot \mathbf{t}_3) \qquad \text{(分配)}$$
$$\mathbf{t}_1 + \mathbf{t}_2 = \mathbf{t}_2 + \mathbf{t}_1 \qquad \text{(和-可換)}$$
$$\mathbf{t}_1 \cdot \mathbf{t}_2 = \mathbf{t}_2 \cdot \mathbf{t}_1 \qquad \text{(積-可換)}$$
$$\mathbf{t}_1 + (\mathbf{t}_2 + \mathbf{t}_3) = (\mathbf{t}_1 + \mathbf{t}_2) + \mathbf{t}_3 \qquad \text{(和-結合)}$$
$$\mathbf{t}_1 \cdot (\mathbf{t}_2 \cdot \mathbf{t}_3) = (\mathbf{t}_1 \cdot \mathbf{t}_2) \cdot \mathbf{t}_3 \qquad \text{(積-結合)}$$

(3) **等式を導出する.** まず, 等式 (2.1) の現在の言語における対応物は次の等式である.

$$(x + y) \cdot (x + y) = (((x \cdot x) + (x \cdot y)) + (x \cdot y)) + (y \cdot y) \qquad (2.3)$$

この等式をステップ (2) の公理を順次使って導出していく. すなわち,

[*1] プログラミング言語に慣れた読者であれば, 次の **BNF 記法**による定義のほうがわかりやすいかもしれない:
$$\mathbf{t} ::= \mathbf{x} \in \mathbf{Var} \mid (\mathbf{t}) \cdot (\mathbf{t}) \mid (\mathbf{t}) + (\mathbf{t})$$

$$(x + y) \cdot (x + y)$$

$$
\begin{aligned}
&= ((x + y) \cdot x) + ((x + y) \cdot y) &&\text{(分配) による}\\
&= (x \cdot (x + y)) + (y \cdot (x + y)) &&\text{(積-可換) による}\\
&= ((x \cdot x) + (x \cdot y)) + ((y \cdot x) + (y \cdot y)) &&\text{(分配) による}\\
&= ((x \cdot x) + (x \cdot y)) + ((x \cdot y) + (y \cdot y)) &&\text{(積-可換) による}\\
&= (((x \cdot x) + (x \cdot y)) + (x \cdot y)) + (y \cdot y) &&\text{(和-結合) による.}
\end{aligned}
$$

注意 2.1 項 $(x + y) \cdot (x + y)$ は，文字 $($, $)$, x, y, $+$, $\cdot$（6 種類）を用いた長さ 11 の文字列である．以下本書では，このような項や次章以降に現れる論理式などの文字列を，そのあらわす**抽象構文木**と同一視する．たとえば項 $(x + y) \cdot (x + y)$ は次の木をあらわすこととする．

$$(2.4)$$

以上では**括弧**の記号（すなわち '(' と ')'）をたくさん用いているが，これらは文字列から抽象構文木を一意に復元するためのものである．というのは，括弧を省略した文字列，たとえば $x + y + z$ を考えると，これは $(x + y) + z$ と $x + (y + z)$ の（それぞれの抽象構文木の）どちらをあらわすのかがあいまいである．

一方で，括弧を几帳面につけていくと人間にはしばしば読みにくい．以下，明らかな括弧は（上記の公理においてと同様）省略することにする．

注意 2.2 抽象構文木の正確な定義にはいくつかの流儀があるが，本書では立ち入らない．(2.4) のような図による理解で十分である．

念のため，具体的な定義を一つ与えておく．本書における抽象構文木は，閉路を持たない有限連結グラフであり，一つのノードが根として指定されているものである．ノードの間には根からの距離により自然な順序が定まる（図における上下関係）．各ノードには演算子または変数でラベルがつけられており，さらに，各ノードの子供の数は，演算子の引数の数と一致しなければならない．変数がラベルとなるのは葉に限る．

36   2 等式論理——形式論理のショウケースとして

2.1.2 群

等式 (2.1) は可換環の上の多項式に関するものであった．二つ目の例として，次のような**群**に関する等式を考えよう．

$$(xy)^{-1}xy = e \tag{2.5}$$

ここで e は群の単位元をあらわす $(xe = x = ex)$．2.1.1 節と同様のシナリオで，等式 (2.5) を導いてみよう．

(1) **言語を決める．**この例では，項は群の元をあらわす記号列である．

$$\frac{\mathbf{x} \text{ は変数}}{\mathbf{x} \text{ は項}} \text{ (変数)} \qquad \frac{}{e \text{ は項}} \text{ (単位元)}$$

$$\frac{\mathbf{t} \text{ は項}}{\mathbf{t}^{-1} \text{ は項}} \text{ (逆元)} \qquad \frac{\mathbf{t} \text{ は項} \qquad \mathbf{t}' \text{ は項}}{\mathbf{t} \cdot \mathbf{t}' \text{ は項}} \text{ (積)}$$

(2) **公理を決める．**

$$\mathbf{t}_1 \cdot (\mathbf{t}_2 \cdot \mathbf{t}_3) = (\mathbf{t}_1 \cdot \mathbf{t}_2) \cdot \mathbf{t}_3 \qquad \text{(結合)}$$

$$e \cdot \mathbf{t} = \mathbf{t} = \mathbf{t} \cdot e \qquad \text{(単位)}$$

$$\mathbf{t}^{-1} \cdot \mathbf{t} = e = \mathbf{t} \cdot \mathbf{t}^{-1} \qquad \text{(逆)}$$

(3) **等式を導出する．**等式 (2.5) を現在の言語で正確に書くと

$$((x \cdot y)^{-1} \cdot x) \cdot y = e \tag{2.6}$$

となるが，これは公理を順次用いて次のように導ける．

$$((x \cdot y)^{-1} \cdot x) \cdot y = (x \cdot y)^{-1} \cdot (x \cdot y) \qquad \text{(結合) による}$$
$$= e \qquad \text{(逆) による}$$

2.1.3 統一的枠組としての等式論理

2.1.1 節と 2.1.2 節で同じシナリオを繰り返したわけだが，ここでこの二つのシナリオに共通する本質を抽出し，数学の言葉で定式化することを考えよう．このようにして得られるものが**等式論理**とよばれる概念であり，本章のテーマである．

2.1 最 初 の 例　　37

本章では等式論理についてかなりゆっくり，くわしく解説する——記号はできるだけあいまいさのないよう厳密に運用し，また，数学的形式化の背後の直観の説明をできるだけ試みる．次章以降で説明する命題論理と述語論理は，ある意味では等式論理の変種にすぎず，同じ考え方が通用するはずである．

注意 2.3 等式論理は**普遍代数学**とよばれる分野の一部である．「普遍」代数学とよばれる理由は，その理論が (Σ, E) というパラメータを持ち（後で定義する），このパラメータの選び方をさまざまに変えることでいろいろな代数構造——群，環，モノイド，束，……——に適用できる理論が得られるからである[*2]．すなわち，普遍代数学は (Σ, E)-**代数**を扱う理論であり，群，環，モノイド，束などは (Σ, E)-代数の特殊な場合である．

2.1.4 変数 vs. メタ変数

われわれは言語を用いてものごとを考えるが，考える対象 (object) となるものごと自体が何らかの言語であるとき，その言語を**オブジェクト言語**といい，思考のために用いられているほうの言語を**メタ言語**という．本章では等式論理が（次章以降では命題論理や述語論理が）オブジェクト言語であり，「通常の数学」あるいは「素朴集合論」がメタ言語となる．

等式論理などのオブジェクト言語にも，「通常の数学」などのメタ言語にも変数という概念がある．論理学や計算機科学では，オブジェクトレベルの変数を単に**変数**とよびメタレベルの変数を**メタ変数**とよぶことが多い[*3]．ただし本小節（2.1.4節）でのみ，明瞭さのために変数を「（オブジェクト）変数」と記すことにする．

等式論理における（オブジェクト）変数とは，すでに定義したとおり，具体的には **Var** の元のことである．一方，いまのメタ言語は「通常の数学」であったので，メタ変数とは「数学で普通に用いている変数」のことである．たとえば等式 (2.3) に現れる変数 x はオブジェクト言語に現れる変数であり，（オブジェクト）変数である．一方で式 (2.2) のはじめの導出規則に現れる記号 **x** は，（オブジェクト）変数 $x, y, z, x_1, x_2, \ldots$ のいずれかをあらわすものであり，メタレベルの変数

[*2]　体は一つの例外であり，これは積の逆元 $x \mapsto x^{-1}$ が全域的でない（$x = 0$ において定義されない）ことによる．

[*3]　これは単にメタレベルの変数よりもオブジェクトレベルの変数に言及する頻度が多いからであって，オブジェクトレベルの変数のほうがより「普通」の変数である，ということではない．

38   2 等式論理——形式論理のショウケースとして

である。また，式 (2.2) の二つ目の導出規則に現れる記号 **t** は，オブジェクトレベルの何らかの項（たとえば $(x \cdot y) + x$ など）をあらわすメタ変数である。

　この区別——オブジェクトレベルとメタレベルの区別——は初学者にはわかりにくいかもしれないが，本書のテーマ（これは数学の証明を数学的に形式化する**メタ数学**と密接にかかわる）にとってはとても重要な区別である。ゆえにいくつか異なる視点からの説明を試みる。

例 2.4 まず，プログラミング経験のある読者に対しては，以下のような説明がわかりやすいだろう。次のような Java 言語の入門記事を考えよう。

> ファイル（ここでは `hoge.txt`）を読み込むには次のようなコードを用いる。
>
> ```
> FileInputStream hogeFile = new FileInputStream("hoge.txt");
> InputStreamReader hoge = new InputStreamReader(hogeFile);
> ```

以上のファイル名 (`hoge.txt`) は，実際にこのコードを使う際には読み込みたいファイル名（たとえば `seiseki.txt`）に置き換えられるプレイスホルダにすぎない。これがメタ変数である[*4]。

例 2.5 もう一つの例として，次の入門記事を考えよう。

> 整数型の値（ここでは `valueToStore`）をメモリに格納するには次のように書く。
>
> ```
> int variableName;
> variableName = valueToStore;
> ```

ここでの `variableName` はメタ変数であって，実際に上のコードを用いる場合には具体的な（オブジェクト）変数（たとえば `x`）に置き換えられる。この，`variableName` と `x` との間の対比が，式 (2.2) にあるメタ変数 **x** と等式 (2.3) にある（オブジェクト）変数 x との間の対比に対応する。

　ここまでで読者は，太い文字（**x**, **y**, **t**, **s** など）と，普通の太さの文字（x, y など）が使われていたことに気づいただろう。太い文字はメタ変数である。特に，**x**,

---

[*4] 日本語では「ほげ (hoge)」，「ふが (fuga)」などをメタ変数として用いることが多いようだ。英語では "foo"，"bar" などが用いられる。

y は（オブジェクト）変数をあらわすメタ変数であり，**t, s** は項をあらわすメタ変数である．一方，x, y などの普通の太さの文字は**具体的な**（オブジェクト）変数である．

このような，（オブジェクト）変数とメタ変数の区別——より一般的には，オブジェクトレベルとメタレベルの区別——は本書で扱う形式論理においてこの上なく重要である．たとえば，本書ではこのしばらく後に証明の概念を数学的に定義するが，これらは記号の組み合わせとして表現される何らかの構文論的実体にすぎない（正確には論理式のなす木）．その上でわれわれは，「これこれをみたす証明は存在しない」といったような**メタ定理**を与え，これを証明する．この後者の（メタ定理の）「証明」は，メタ定理の主張に現れるオブジェクトレベルの（構文論的）証明とは異なるレベルに住む，メタレベルの実体である．

以上のような重要性の一方で，x と **x** のような記号の使い分けは見た目上少々煩雑ということもあり，多くの教科書はこれを行わない（例外は Shoenfield の著名な教科書[6] など）．しかし，オブジェクトレベルとメタレベルの区別を学ぶ上でもこのような記法上の区別は助けになると考え，本書では，この章（第 2 章）のみ x と **x** のような記号の使い分けを厳密に行うことにする．次章以降では明示的な記号の使い分けは行わず，x, y, z と書かれているものも **x, y, z** と記す．

2.2 項

2.1.1 節と 2.1.2 節の共通シナリオにおける第一ステップは，どの記号列（構文的表現）が正当なものかを決めることであった．たとえば 2.1.1 節において，記号列 $x + (y \cdot\ )$ は「well-formed な」項ではない——2 項演算子 $\cdot$ の第 2 引数が欠けている——ゆえに "syntax error" となる．

2.1.1 節と 2.1.2 節を具体例とする一般的な枠組を考えるために，次の概念をパラメータとして用いる．

定義 2.6 シグニチャ（あるいは**代数シグニチャ**）とは，集合の無限列

$$\Sigma = \big(\Sigma_n\big)_{n \in \mathbb{N}} = \big(\Sigma_0, \Sigma_1, \ldots\big)$$

のことをいう（各 Σ_n が集合である）．元 $\boldsymbol{\sigma} \in \Sigma_n$ を n 項演算子とよび，n を $\boldsymbol{\sigma}$ のランクという．0 項演算子は**定数記号**ともよばれる．

2 等式論理——形式論理のショウケースとして

定義 2.7 (変数の集合 Var) 以下，可算無限集合 Var を一つ定めておく．Var の元を**変数**とよぶ．

$x, y, z, x_1, x_2, \ldots$ などが本書で使われる変数の代表例である．変数（すなわち Var の元）をあらわすメタ変数として，$\mathbf{x}, \mathbf{y}$ などを用いる．

定義 2.8 (Σ項) Σ をシグニチャとする．Σ 項を次の導出規則で生成される文字列として定義する．

$$\frac{\mathbf{x} \in \mathbf{Var}}{\mathbf{x} \text{ は } \Sigma \text{ 項}} \text{ (変数)}$$

$$\frac{\mathbf{t}_1 \text{ は } \Sigma \text{ 項} \quad \mathbf{t}_2 \text{ は } \Sigma \text{ 項} \quad \cdots \quad \mathbf{t}_n \text{ は } \Sigma \text{ 項} \quad \sigma \in \Sigma_n}{\boldsymbol{\sigma}(\mathbf{t}_1, \ldots, \mathbf{t}_n) \text{ は } \Sigma \text{ 項}} \text{ (演算子)}$$
(2.7)

どのシグニチャ Σ を考えているかが明らかな場合には，Σ 項を単に**項**とよぶ．

われわれの立場は，文字列を抽象構文木と同一視するというものであった（注意 2.1）．たとえば，(演算子) 導出規則の結論に現れる Σ 項 $\boldsymbol{\sigma}(\mathbf{t}_1, \ldots, \mathbf{t}_n)$ は次の抽象構文木をあらわす．

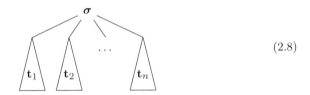
(2.8)

ここで，中に $\mathbf{t}_i$ と書いてある三角形は，項 $\mathbf{t}_i$ のあらわす抽象構文木である．よって，n 項演算子 $\boldsymbol{\sigma}$ は n 個の子供を持つノードである．

この抽象構文木の高さを項の（抽象構文木の）**高さ**という．たとえば，変数や定数記号だけからなる項は高さ 1 の項であり，また $(x+y)+y$ は高さ 3 の項である．

注意 2.9 上の定義は，本書ではじめて（正式に）現れる**帰納的定義**である．これは次の二つのことを意味する．

- 式 (2.7) の二つの導出規則を（有限回）繰り返し用いて得られるものは Σ 項である．

- また，このようなもの*のみ*が Σ 項である．

二つの導出規則のうち，(変数) 導出規則は帰納法のベースケースにあたり，「原子的な」項——すなわち「最小単位の」項——を生成する．この項は変数自身からなる項である．もう一つの (演算子) 導出規則は帰納法のステップケースに相当し，すでに得られた項 $\mathbf{t}_1, \ldots, \mathbf{t}_n$ を用いて，より大きな項 $\sigma(\mathbf{t}_1, \ldots, \mathbf{t}_n)$ を生成する．ここで σ が 0 項演算子である場合を注意しておく：この場合は (演算子) 導出規則は以下のベースケースの導出規則になり

$$\frac{\sigma \in \Sigma_0}{\sigma \text{ は } \Sigma \text{ 項}}$$

「すでに得られた項」を用いることなく「原子的な」項を生成できる．

　次に，「項の構成に関する帰納的定義」のはじめての例を記す．関数型プログラミングを知る読者は，**パターンマッチ**の例として理解できるだろう．

定義 2.10 (自由変数) Σ 項 $\mathbf{t}$ に対して，その**自由変数**の集合 $\mathrm{FV}(\mathbf{t})$ を次のように，項 $\mathbf{t}$ の構成に関して帰納的に定義する．

$$\mathrm{FV}(\mathbf{x}) := \{\mathbf{x}\} \quad (\text{ただし } \mathbf{x} \in \mathbf{Var})$$
$$\mathrm{FV}\big(\sigma(\mathbf{t}_1, \ldots, \mathbf{t}_n)\big) := \mathrm{FV}(\mathbf{t}_1) \cup \cdots \cup \mathrm{FV}(\mathbf{t}_n) \tag{2.9}$$

最初なので少しくわしく解説する．上記の帰納的定義においては，小さな項——対応する抽象構文木の高さが小さな項——から順々に，その自由変数の集合を定義していく．最も小さな項は変数あるいは定数だけからなる項であり，それぞれ，式 (2.9) の一つ目あるいは二つ目により定義される（定数の場合，$\mathrm{FV}(\sigma) := \emptyset$ である）．高さが 2 以上の項の場合，この項は式 (2.8) のように，より小さな項 $\mathbf{t}_1$，$\ldots$，$\mathbf{t}_n$ をノード σ でつないだ形 $\sigma(\mathbf{t}_1, \ldots, \mathbf{t}_n)$ をしている．帰納法の仮定から，これらの小さな項 $\mathbf{t}_1, \ldots, \mathbf{t}_n$ の自由変数の集合 $\mathrm{FV}(\mathbf{t}_1), \ldots, \mathrm{FV}(\mathbf{t}_n)$ はすでに定義されているので，これらを用いて式 (2.9) の二つ目のように定義する．

　$\mathrm{FV}(\mathbf{t})$ の直観的意味は「項 $\mathbf{t}$ に現れる変数全体の集合」であり，この単純な（しかしインフォーマルな）定義を正確に言い換えたものが上記の定義 2.10 である．「自由変数」の「自由」がどういう意味か気になるかもしれないが，これは述語論理の章までは気にしなくてよい．（述語論理においては変数の現れを**束縛**する限量子（$\forall \mathbf{x}$ と $\exists \mathbf{x}$）が登場し，「自由」は「束縛されていない」という意味である．）

例 2.11 2.1.1 節に適したシグニチャ Σ_p は次のように与えられる．添字 p は「多項式 polynomial」の p である．

$$(\Sigma_\mathrm{p})_2 = \{\cdot, +\}, \quad (\Sigma_\mathrm{p})_0 = (\Sigma_\mathrm{p})_1 = (\Sigma_\mathrm{p})_3 = (\Sigma_\mathrm{p})_4 = \cdots = \emptyset.$$

すなわち，このシグニチャは演算子を二つだけ持ち，その両方が 2 項演算子である．

2.1.2 節のためのシグニチャ Σ_g は次のとおり．添字 g は「群 group」の g である．

$$(\Sigma_\mathrm{g})_0 = \{e\}, \quad (\Sigma_\mathrm{g})_1 = \{(\_)^{-1}\}, \quad (\Sigma_\mathrm{g})_2 = \{\cdot\},$$
$$(\Sigma_\mathrm{g})_3 = (\Sigma_\mathrm{g})_4 = \cdots = \emptyset.$$

定義 2.8 によると演算子は前置記法（たとえば $+(\mathbf{t}, \mathbf{s})$）を用いるべきであるが，読みやすさのため中置記法（たとえば $\mathbf{t} + \mathbf{s}$）もしばしば用いることにする．

2.2.1 代　　入

定義 2.12 (構文論的等しさ) 二つの構文的対象（記号列や木）が等しいことを特に $\equiv$ を用いてあらわす．$\mathbf{s} \equiv \mathbf{t}$ を，$\mathbf{s}$ と $\mathbf{t}$ が**構文論的に等しい**という．

等号 $=$ と構文論的等しさ $\equiv$ の区別は必ずしも明らかでない場合も多いが，構文論的対象（記号列）を扱っていることを強調したい場合にしばしば $\equiv$ を用いる．

定義 2.13 (代入) Σ をシグニチャとし，$\mathbf{s}, \mathbf{t}$ を Σ 項，また $\mathbf{x} \in \mathbf{Var}$ を変数とする．$\mathbf{s}$ における $\mathbf{x}$ の現れに対する $\mathbf{t}$ の**代入**とは，項 $\mathbf{s}$ において変数 $\mathbf{x}$ の現れのそれぞれを項 $\mathbf{t}$ に置き換えた結果得られる項のことをいう．これを

$$\mathbf{s}[\mathbf{t}/\mathbf{x}]$$

と書きあらわす．抽象構文木を用いて表示すると次のようになる．

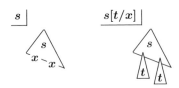

定義 2.10 にならって，代入を正確に帰納的に定義することも可能である．この際

の定義は項 s の構成に関する帰納法である．

$$\mathbf{y}[\mathbf{t}/\mathbf{x}] :\equiv \begin{cases} \mathbf{t} & \mathbf{x} \equiv \mathbf{y} \text{ のとき} \\ \mathbf{y} & \mathbf{x} \not\equiv \mathbf{y} \text{ のとき} \end{cases} \tag{2.10}$$

$$\boldsymbol{\sigma}(\mathbf{s}_1,\ldots,\mathbf{s}_n)[\mathbf{t}/\mathbf{x}] :\equiv \boldsymbol{\sigma}\big(\mathbf{s}_1[\mathbf{t}/\mathbf{x}],\ldots,\mathbf{s}_n[\mathbf{t}/\mathbf{x}]\big)$$

例 2.14
$$\big((x^{-1} \cdot e) \cdot x\big)[y \cdot e/x] \equiv \big(((y \cdot e)^{-1} \cdot e) \cdot (y \cdot e)\big).$$

これは抽象構文木を用いて次のように表示できる．

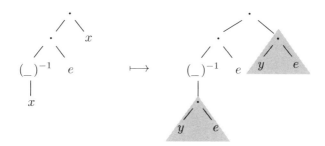

2.3 構　文　論

　2.1.1 節と 2.1.2 節の共通シナリオにおける第二のステップは，なりたつと仮定してよい等式を決めることであった．これらの**公理**がさらなる等式を導いていくための基盤となる．ここでは前節に続き，シグニチャ Σ をパラメータとして公理の概念を一般的に定義する．

2.3.1 等　　　式

定義 2.15 (等式) Σ をシグニチャとする．Σ 上の**等式**とは，二つの Σ 項 $\mathbf{s}, \mathbf{t}$ と記号 $=$ からなる三つ組 $(\mathbf{s}, =, \mathbf{t})$ であり，これを

$$\mathbf{s} = \mathbf{t} \tag{2.11}$$

と記す．

一つ注意を述べる．等式 $\mathbf{s} = \mathbf{t}$ における記号 $=$ はただの区切り記号にすぎず，$\simeq$，★や Ⓒ を使ってもまったくさしつかえない．重要なのは，等式 $\mathbf{s} = \mathbf{t}$ が次のような抽象構文木をあらわす構文的実体であることである．

また，われわれはまだ等式を「解釈」しておらず，よって意味や真偽とは（現時点では）無縁の存在であることも強調しておく．

例 2.16 2項演算子「$\cdot$」を含むシグニチャΣを考える．すると $x \cdot (y \cdot z) = (x \cdot y) \cdot z$ や $x \cdot x = x$ は Σ 上の等式の例である．前者はいかにもなりたちそうだが後者はそうでもない，と思うかもしれない——ともかく等式が「なりたつ」ことの定義をわれわれはまだ与えていない．

2.3.2 公理と導出規則

等式論理における導出は，

- パラメータになっていて選択の余地がある**公理の集合** E と，
- 等式論理を通して不変である**導出規則**

の両方に基づいて行う．

定義 2.17 代数仕様とは，シグニチャΣと，Σ上の等式（のうちいくつか）の集合 E の二つ組

$$(\Sigma, E)$$

のことをいう．E を**公理系**とよび，E に属する等式 $(\mathbf{s} = \mathbf{t}) \in E$ を**公理**とよぶ．

代数仕様 (Σ, E) が等式論理におけるパラメータ——すなわち，2.1.1 節と 2.1.2 節のシナリオで決めなければいけないデータ——のすべてである．

定義 2.18 (等式論理の導出規則) 代数仕様 (Σ, E) 上の**導出規則**は次のとおり．

$$\frac{}{\mathbf{s}=\mathbf{t}}\ (\text{公理}),\ (\mathbf{s}=\mathbf{t})\in E$$

$$\frac{}{\mathbf{t}=\mathbf{t}}\ (\text{反射})\qquad \frac{\mathbf{t}=\mathbf{s}}{\mathbf{s}=\mathbf{t}}\ (\text{対称})\qquad \frac{\mathbf{s}=\mathbf{t}\quad \mathbf{t}=\mathbf{u}}{\mathbf{s}=\mathbf{u}}\ (\text{推移})$$

$$\frac{\mathbf{s}_1=\mathbf{t}_1\quad \cdots \quad \mathbf{s}_n=\mathbf{t}_n}{\boldsymbol{\sigma}(\mathbf{s}_1,\ldots,\mathbf{s}_n)=\boldsymbol{\sigma}(\mathbf{t}_1,\ldots,\mathbf{t}_n)}\ (\text{合同}),\ \boldsymbol{\sigma}\in\Sigma_n \tag{2.12}$$

$$\frac{\mathbf{s}=\mathbf{t}}{\mathbf{s}[\mathbf{u}/\mathbf{x}]=\mathbf{t}[\mathbf{u}/\mathbf{x}]}\ (\text{代入})$$

上で $\mathbf{s}[\mathbf{u}/\mathbf{x}]$ は代入をあらわすのであった（定義 2.13）．(公理) 導出規則の右に書いてある $(\mathbf{s}=\mathbf{t})\in E$ は導出規則を適用するための付帯条件をあらわす——すなわち，E に属する等式は仮定なしに導いてよいという導出規則である．(合同) 導出規則についても同様に，$\boldsymbol{\sigma}\in\Sigma_n$ という条件のもと適用できる．

本書では用いないが，導出規則のことを**推論規則**と呼ぶ場合もある．

上記の導出規則 (2.12) のうち，(公理) と (合同) のみがパラメータ (Σ,E) に依存する．他のルールはまったく不変である．

記法 2.19 (公理型) たとえば「2 項演算子 $\cdot$ は可換である（すなわち，結果は引数の順番によらない）」ということを表現する公理を考えてみよう．すると公理の集合 E は次のような等式すべてを含む必要がある．

$$x\cdot y=y\cdot x,\quad y\cdot x=x\cdot y,\quad z\cdot y=y\cdot z,\quad (x\cdot y)\cdot z=z\cdot(x\cdot y),$$
$$(x\cdot y)\cdot(z\cdot u)=(z\cdot u)\cdot(x\cdot y),\ \ldots$$

2 項演算子 $\cdot$ を用いていくらでも長い項を作れるから，E は明らかに無限集合になる．このようなとき，メタ変数の現れる「等式」

$$\mathbf{s}\cdot\mathbf{t}=\mathbf{t}\cdot\mathbf{s}$$

を用いて上記のような可算無限個の（具体的な）等式を一挙に書きあらわすのが便利である．$\mathbf{s}\cdot\mathbf{t}=\mathbf{t}\cdot\mathbf{s}$ 自体は等式でなく，メタ変数 $\mathbf{s},\mathbf{t}$ を具体的な項に置き換えてはじめて等式になることに注意せよ．このような，メタ変数の現れる「等式」を**公理型**とよぶ．たとえば，e を 0 項演算子（定数），$\cdot$ を 2 項演算子とするとき，$E=\{e\cdot\mathbf{s}=\mathbf{s}\}$ は

$$E=\{e\cdot\mathbf{s}=\mathbf{s}\mid \mathbf{s}\ \text{は任意の項}\} \tag{2.13}$$

46   2 等式論理——形式論理のショウケースとして

をあらわす[*5].

　以上と同じ意味で，(2.12) における導出規則は実は**導出規則型**であり，$\mathbf{s}, \mathbf{t}$ などのメタ変数を項に置き換えることではじめて導出規則となる.

例 2.20 例 2.11 のシグニチャ $\Sigma_{\mathrm{p}}, \Sigma_{\mathrm{g}}$ を考える. Σ_{p} 上の公理の集合 E_{p} を，2.1.1 節 (2) の 5 個の公理型によって定義する. すると $(\Sigma_{\mathrm{p}}, E_{\mathrm{p}})$ は代数仕様である.

　同様に Σ_{g} 上の公理の集合 E_{g} を，2.1.2 節 (2) の公理型 (結合), (単位), (逆) によって定義する. すると $(\Sigma_{\mathrm{g}}, E_{\mathrm{g}})$ は代数仕様である.

2.4　導　　出

　本節では 2.1.1 節と 2.1.2 節のシナリオの最後のステップ，すなわち等式の導出を定義する. 導出の過程は構文論的な実体——具体的には等式からなる**木**——として定義され，**証明木**とよばれる.

定義 2.21 (証明木，証明可能性) 代数仕様 (Σ, E) の上の**証明木**とは，

- ノードが等式でラベル付けされた有限の高さの木であって，

- その各ノードが定義 2.18 で与えられた (Σ, E) 上の**導出規則に従っているもの**

のことをいう. ここで，木のノードが導出規則に従っているとは，

- そのノードのラベルの等式を結論部分に持ち，

- その子ノードのラベルの等式をちょうど前提部分に持つ

ような導出規則が存在することをいう. 証明木は**導出木**や，単に**証明**ともよばれる.

　(Σ, E) 上の等式 $\mathbf{s} = \mathbf{t}$ が**証明可能**である（または**導出可能**である）とは，(Σ, E) 上の証明木 Π であって，その根が $\mathbf{s} = \mathbf{t}$ になっているものが存在することをいう. このことを $\vdash_{(\Sigma, E)} \mathbf{s} = \mathbf{t}$ と書きあらわす.

[*5]　式 (2.13) において，はじめの $=$ は集合の等しさを意味する記号，二つ目の $=$ は（意味のない）等式の区切り記号であることに注意せよ.

例 2.22 次は代数仕様 $(\Sigma_{\mathrm{g}}, E_{\mathrm{g}})$ の上の証明木であり，$\vdash_{(\Sigma_{\mathrm{g}}, E_{\mathrm{g}})} ((xy)^{-1}x)y = e$ であることの証拠を与える．伝統的理由から，導出木においてはこれまでの木の図と上下が逆になり，根は最下部に，葉は上部に位置する．

$$\cfrac{\cfrac{\text{(結合) の公理型}}{((xy)^{-1}x)y = (xy)^{-1}(xy)} \ \text{(公理)} \qquad \cfrac{\text{(逆) の公理型}}{(xy)^{-1}(xy) = e} \ \text{(公理)}}{((xy)^{-1}x)y = e} \ \text{(推移)}$$

命題 2.23 公理の集合 E が**代入について閉じている**，すなわち，任意の項 $\mathbf{s}, \mathbf{t}, \mathbf{u}$ と任意の変数 $\mathbf{x} \in \mathbf{Var}$ について

$$(\mathbf{s} = \mathbf{t}) \in E \implies (\mathbf{s}[\mathbf{u}/\mathbf{x}] = \mathbf{t}[\mathbf{u}/\mathbf{x}]) \in E$$

がなりたつと仮定する．すると定義 2.18 の (代入) 導出規則は除くことができる．すなわち，(Σ, E) で証明可能な任意の等式 $\mathbf{s} = \mathbf{t}$ に対して，(代入) 導出規則を用いない証明木が存在する．

(証明) (代入) 導出規則を用いない証明可能性を $\vdash'_{(\Sigma, E)}$ と書くことにする．帰納法がうまく回るように，示すべき命題を次のように少し強める：

$$\vdash_{(\Sigma, E)} \mathbf{s} = \mathbf{t} \implies \text{任意の } n, \mathbf{x}_1, \mathbf{u}_1, \ldots, \mathbf{x}_n, \mathbf{u}_n \text{ に対して}$$

$$\vdash'_{(\Sigma, E)} \big((\mathbf{s}[\mathbf{u}_1/\mathbf{x}_1]) \cdots\big)[\mathbf{u}_n/\mathbf{x}_n] = \big((\mathbf{t}[\mathbf{u}_1/\mathbf{x}_1]) \cdots\big)[\mathbf{u}_n/\mathbf{x}_n]$$

(ここで $n = 1$ とすれば，示したかった命題となる．) 上の命題は $\vdash_{(\Sigma, E)} \mathbf{s} = \mathbf{t}$ の証拠となる証明木についての帰納法で簡単に示すことができる． ∎

　定義 2.21 における証明の概念は，数学における導出・演繹・証明の過程を導出規則をもとに数学的に定式化したものである．このことにより，われわれは数学の証明を**オブジェクトレベルの実体**として語ることができるようになった——たとえば「Π を等式 $\mathbf{s} = \mathbf{t}$ の証明とする」というように．これこそ**メタ数学**の営為であり，命題 2.23 の（メタレベルの）証明は定義 2.21 の（オブジェクトレベルの）証明の概念とは明確に区別すべきものである．

2.5 意 味 論

　以上では等式論理の**構文論**的構成要素について述べた．それらは項，等式（すなわち記号 = で区切られた項の二つ組），また証明木（等式をラベルとする木），

などである.図 2.1 を参照せよ.特にこれまでは,項や等式の「意味」をまったく考えてこなかった.証明木を通じた導出——導出規則の機械的な適用——は完全に構文論的な営為であり,等式の意味や真偽を考えることなく行われる.

しかし,導出規則という構文論的な仕掛けの目標は,言うまでもなく「真である」等式を導出することである.以下,この目標が実際に達成されていることを**健全性**と**完全性**という二つの性質として証明する.その前にわれわれは等式の真偽を数学的に定義しなければならない.この問題——構文論的実体の**意味**を考えること——が**意味論**である.

2.5.1 一つ目のモデル:Σ 代数

定義 2.24 (Σ 代数) Σ をシグニチャとする.Σ 代数 $\mathbb{X}$ とは,組

$$\mathbb{X} = \bigl(X, (\llbracket \sigma \rrbracket_{\mathbb{X}})_{\sigma \in \Sigma}\bigr)$$

のことをいう.ここで,

- X は集合であり(**台集合**とよぶ),

- 各自然数 $n \in \mathbb{N}$ と各 n 項演算子 $\sigma \in \Sigma_n$ に対して,$\llbracket \sigma \rrbracket_{\mathbb{X}}$ は関数

$$\llbracket \sigma \rrbracket_{\mathbb{X}} \colon X^n \longrightarrow X \tag{2.14}$$

であり,演算子 σ の**解釈**とよぶ.

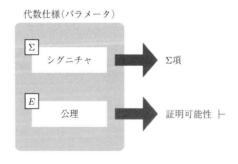

図 **2.1** 等式論理の構文論の概略.

Σ 代数のことを，シグニチャ Σ のモデルともよぶ．

例 2.11 のシグニチャ Σ_g を考えよう．Σ_g 代数 $\mathbb{X}$ を一つ与えることは，

- 集合 X と，
- 定数 e の指し示す元 $[\![e]\!]_{\mathbb{X}} \in X$，さらに
- 演算子 $\cdot$ の指し示す演算 $[\![\cdot]\!]_{\mathbb{X}} \colon X^2 \to X$

を決めることに対応する．（$[\![e]\!]_{\mathbb{X}}$ について，X^0 は単元集合であることと，単元集合からの関数 $X^0 \to X$ は X の一つの元と同一視できることに注意しておく．）

一方で，現在の Σ_g 代数の段階では，例 2.20 の E_g の公理がみたされるかどうかに関しては何の保証もない：$e \cdot e$ と e が同じ X の元を指し示すとは限らないのである．ゆえに (Σ_g, E_g) 代数とはよばず，Σ_g 代数とよぶのである．

さらにいうと，$x^{-1} \cdot e$ のように変数を含む項に対しては，その指し示す Σ 代数の元を決定することはできない．（変数 x はどの元を指し示すのか？）よって次の概念を用いる．

定義 2.25 (付値) Σ 代数 $\mathbb{X} = \big(X, ([\![\sigma]\!]_{\mathbb{X}})_{\sigma \in \Sigma}\big)$ の上の**付値**とは，関数

$$J \colon \mathbf{Var} \longrightarrow X$$

のことをいう．ここで $\mathbf{Var}$ は変数の集合であった（定義 2.7）．

2.5.2 項 の 意 味

Σ 代数 $\mathbb{X}$ は各演算子 σ の解釈を定め，その上の付値 J は各変数 $\mathbf{x}$ の意味を定める．これで Σ 項の意味を定める準備がととのった．

定義 2.26 (項の意味) $\mathbb{X} = \big(X, ([\![\sigma]\!]_{\mathbb{X}})_{\sigma \in \Sigma}\big)$ を Σ 代数とし，$J \colon \mathbf{Var} \to X$ を $\mathbb{X}$ 上の付値とする．Σ 項 $\mathbf{t}$ のそれぞれについて，その**意味**

$$[\![\mathbf{t}]\!]_{\mathbb{X}, J} \in X$$

を次のように定める．定義は項 $\mathbf{t}$ の構成に関する帰納法による．

$$[\![\mathbf{x}]\!]_{\mathbb{X}, J} \coloneqq J(\mathbf{x}) \quad \text{ただし } \mathbf{x} \in \mathbf{Var}$$

$$\llbracket \boldsymbol{\sigma}(\mathbf{t}_1, \ldots, \mathbf{t}_n) \rrbracket_{\mathbb{X},J} \coloneqq \llbracket \boldsymbol{\sigma} \rrbracket_{\mathbb{X}}(\llbracket \mathbf{t}_1 \rrbracket_{\mathbb{X},J}, \ldots, \llbracket \mathbf{t}_n \rrbracket_{\mathbb{X},J})$$

定義の 2 行目によって定数（すなわち 0 項演算子）の意味も定まることに注意しておく．この帰納的な定義は定義 2.10 におけるそれとまったく同様であり，項 $\boldsymbol{\sigma}(\mathbf{t}_1, \ldots, \mathbf{t}_n)$ が式 (2.8) の抽象構文木と同一視されることが直観を得る上で重要である．

例 2.27 2.1.2 節で用いた，群のためのシグニチャ Σ_g を考える．X を集合 $\{0, 1, 2\}$ 上の置換全体のなす集合 S_3 としよう（集合 A 上の置換とは A から A への全単射のことである）．すなわち，

$$X \coloneqq S_3 = \big\{ (0, 1, 2),\ (0, 2, 1),\ (1, 0, 2),\ (1, 2, 0),\ (2, 0, 1),\ (2, 1, 0) \big\}$$

であり，ここでたとえば $(1, 0, 2)$ は置換

$$\big[0 \mapsto 1,\ 1 \mapsto 0,\ 2 \mapsto 2 \big]$$

をあらわす．この集合 X の上で，Σ_g の演算子を次のように解釈することにする：

$$\llbracket e \rrbracket_{\mathbb{X}} \coloneqq (0, 1, 2) = \mathrm{id}_{\{0,1,2\}},$$
$$\llbracket \cdot \rrbracket_{\mathbb{X}}(s, t) \coloneqq t \circ s,$$
$$\llbracket (\_)^{-1} \rrbracket(s) \coloneqq s^{-1}.$$

ここで $t \circ s$ は置換の（関数としての）合成

$$(t \circ s)(i) = t(s(i))$$

をあらわし，s^{-1} は置換（すなわち全単射）s の逆写像をあらわす．たとえば，

$$(2, 0, 1)^{-1} = \begin{bmatrix} 0 \mapsto 2 \\ 1 \mapsto 0 \\ 2 \mapsto 1 \end{bmatrix}^{-1} = \begin{bmatrix} 0 \mapsto 1 \\ 1 \mapsto 2 \\ 2 \mapsto 0 \end{bmatrix} = (1, 2, 0).$$

以上によって Σ_g 代数 $\mathbb{X}$ を定める．

さらに，$\mathbb{X}$ 上の付値 J を

$$J(x) = (1, 0, 2) \ \text{かつ} \ J(y) = (2, 0, 1)$$

をみたすものとしよう. すると, 項 $x \cdot (y^{-1})$ の意味は次のようにボトムアップに計算される.

$$
\begin{aligned}
[\![x \cdot (y^{-1})]\!]_{\mathbb{X},J} &= [\![\cdot]\!]_{\mathbb{X}}\big(J(x), [\![(\_)^{-1}]\!]_{\mathbb{X}}(J(y))\big) \\
&= (2,0,1)^{-1} \circ (1,0,2) \\
&= (1,2,0) \circ (1,0,2) \\
&= (2,1,0).
\end{aligned}
$$

次の事実は直観的には明らかであろう:項 $\mathbf{t}$ の意味 $[\![\mathbf{t}]\!]_{\mathbb{X},J}$ を考える上で, 付値 J の情報は $\mathbf{t}$ に現れる変数についてのみわかれば十分である. この事実を正確に述べると次のようになる.

補題 2.28 J と J' を $\mathbb{X}$ 上の付値とし, $\mathbf{t}$ を項とする.

$$
\text{任意の } \mathbf{x} \in \mathrm{FV}(\mathbf{t}) \text{ に対して } J(\mathbf{x}) = J'(\mathbf{x})
$$

がなりたつと仮定すると,

$$
[\![\mathbf{t}]\!]_{\mathbb{X},J} = [\![\mathbf{t}]\!]_{\mathbb{X},J'}
$$

がなりたつ. ここで $\mathrm{FV}(\mathbf{t})$ は $\mathbf{t}$ に現れる自由変数の集合である (定義 2.10).

(証明) 項 $\mathbf{t}$ の構成に関する帰納法による. ∎

ここで, 項の意味 $[\![\mathbf{t}]\!]_{\mathbb{X},J}$ と代入 $\mathbf{s}[\mathbf{t}/\mathbf{x}]$ の関係について論じる. 次の定義において, 付値 $J[\mathbf{x} \mapsto a]$ はほとんど J そのままだが, 変数 $\mathbf{x}$ の行き先のみを変更したものである.

定義 2.29 (付値のアップデート) $J \colon \mathbf{Var} \to X$ を Σ 代数 $\mathbb{X}$ 上の付値とし, $\mathbf{x} \in \mathbf{Var}$ を変数, また $a \in X$ とする. 新たな付値 $J[\mathbf{x} \mapsto a]$ を次のように定義する.

$$
\begin{aligned}
J[\mathbf{x} \mapsto a] \colon \mathbf{Var} &\longrightarrow X \\
\mathbf{y} &\longmapsto \begin{cases} J(\mathbf{y}) & \mathbf{y} \not\equiv \mathbf{x} \text{ のとき} \\ a & \mathbf{y} \equiv \mathbf{x} \text{ のとき} \end{cases}
\end{aligned}
$$

さらに, $x_1, \ldots, x_n \in \mathbf{Var}$ および $a_1, \ldots, a_n \in X$ に対し,

$$
J[x_i \mapsto a_i]_{i=1}^n := \big((J[x_1 \mapsto a_1])[x_2 \mapsto a_2] \cdots\big)[x_n \mapsto a_n]
$$

とする.

52   2 等式論理——形式論理のショウケースとして

補題 2.30 (代入補題) 任意の付値 J に対して，$[\![s[t/x]]\!]_{\mathbb{X},J} = [\![s]\!]_{\mathbb{X},J[\mathbf{x} \mapsto [\![t]\!]_{\mathbb{X},J}]}$.

(証明) 項 s の構成に関する帰納法による． ∎

2.5.3 等式の真偽値

以上で項 t の意味 $[\![t]\!]_{\mathbb{X},J} \in X$ を定義した．これをもとに，等式——すなわち $=$ で区切られた項の組 $s = t$——の真偽を数学的に定義していく．

定義 2.31 (真偽値，恒真) Σ をシグニチャとし，$s = t$ を Σ 上の等式とする．また，$\mathbb{X}$ を Σ 代数とし，J を $\mathbb{X}$ 上の付値とする．

- 等式 $s = t$ が $\mathbb{X}$ と J のもとで**真である**とは，

$$[\![s]\!]_{\mathbb{X},J} = [\![t]\!]_{\mathbb{X},J}$$

がなりたつことをいう．この $=$ は，等式 $s = t$ における単なる区切り記号とは異なり，集合 X の元の間の等しさをあらわすことに注意せよ．

- 等式 $s = t$ が Σ 代数 $\mathbb{X}$ で**恒真である**とは，$\mathbb{X}$ 上の任意の付値 $J : \mathbf{Var} \to X$ のもとで $s = t$ が真であることをいう．このことを

$$\mathbb{X} \models s = t$$

と書きあらわす．

以上のように，（意味論的）恒真性を $\models$ であらわし，（構文論的）証明可能性を $\vdash$ であらわす（定義 2.21 参照）のは記号の使い方として伝統的である．

例 2.32 例 2.27 の Σ_g 代数 $\mathbb{X}$ において，等式

$$x^{-1} \cdot x = e$$

は恒真である．変数 x にどの X の元を割り当てるかにかかわらずこの等式がなりたつことは，演算子 $(\_)^{-1}$ の解釈から明らかである．

その一方で，等式

$$x \cdot x = x$$

は恒真ではない．いくつかの付値 J のもとでは「たまたま」真になることがあるが（たとえば $J(x)$ が恒等置換 $(0, 1, 2)$ の場合など），すべての付値のもとで真になるわけではない（たとえば $J(x)$ が置換 $(1, 2, 0)$ の場合は真ではない）．

2.5.4 二つ目のモデル：(Σ, E) 代数

これまでに Σ 代数の概念を定義し，また，その上での等式の真偽を定義した．これによってやっと，群などの概念を一般化したもの，すなわち

- いくつかの演算を持つ集合で，

- いくつかの等式（等式公理）をみたすもの

を定義することができる．

定義 2.33 ((Σ, E) 代数) (Σ, E) を代数仕様とし，$\mathbb{X} = \big(X, (\llbracket \sigma \rrbracket_{\mathbb{X}})_{\sigma \in \Sigma}\big)$ を Σ 代数とする．$\mathbb{X}$ が E に属する等式をすべて恒真にするとき，$\mathbb{X}$ を (Σ, E) **代数**とよぶ．すなわち，任意の公理 $(\mathbf{s} = \mathbf{t}) \in E$ について次がなりたつ場合である．

$$\mathbb{X} \models \mathbf{s} = \mathbf{t}$$

定義 2.34 (恒真) (Σ, E) を代数仕様とし，$\mathbf{s} = \mathbf{t}$ を Σ 上の等式とする．$\mathbf{s} = \mathbf{t}$ が**恒真**であるとは，任意の (Σ, E) 代数 $\mathbb{X}$ に対して

$$\mathbb{X} \models \mathbf{s} = \mathbf{t}$$

がなりたつことをいう．このことを

$$\models_{(\Sigma, E)} \mathbf{s} = \mathbf{t}$$

と書きあらわす．

特に，公理 $(\mathbf{s} = \mathbf{t}) \in E$ が代数仕様 (Σ, E) に対し恒真であることは定義より明らかである．

たとえば，例 2.20 に述べた群をあらわす代数仕様 $(\Sigma_{\mathrm{g}}, E_{\mathrm{g}})$ に対して，恒真な等式とはすなわちすべての群において真となる等式である．

2.6 構文論 vs. 意味論

本章においてこれまでに,

- 等式を導いていくための構文論的な道具立てである**導出規則**（定義 2.18）と,

- 等式の真偽を（数学的に）定義する**意味論**（定義 2.31, 2.34）

を定義してきた. われわれの次の目的は, 前者の道具立てが期待どおりにはたらくことを確かめることである. たとえば例 2.22 において等式 $((xy)^{-1}x)y = e$ の代数仕様 (Σ_g, E_g) における証明木を与えたが, 実際にこの等式は恒真かというのは自然な疑問として現れるだろう.

より具体的には, 次の二つの性質をみたすかどうかが問題である.

- **健全性**：導出された等式は真である. すなわち, 次がなりたつ.

$$\models_{(\Sigma, E)} \mathbf{s} = \mathbf{t} \quad \Longleftarrow \quad \vdash_{(\Sigma, E)} \mathbf{s} = \mathbf{t}$$

- **完全性**：真である等式は導出できる. すなわち, 次がなりたつ.

$$\models_{(\Sigma, E)} \mathbf{s} = \mathbf{t} \quad \Longrightarrow \quad \vdash_{(\Sigma, E)} \mathbf{s} = \mathbf{t}$$

もう少しくわしく説明する. 健全性は「導出のための構文論的な**機械**——**導出体系**とよぶことにしよう——がウソをつかない」という主張であり, 形式論理一般において, 導出体系のみたすべき最低条件であるとされる[*6]. 一方で完全性は, みたされるとうれしいが, 必要不可欠とまではいかない「ボーナス」のようなものである.

等式論理（や後の章の命題論理・述語論理）においては健全性のみならず完全性もなりたつ. 本章ではこれらの性質の証明を少しくわしく解説していく. 二つの性質はそれぞれ特徴的な証明手法を持ち, これらの手法は両方とも形式論理（または情報科学一般）においてとても重要である.

一般には, 考える論理体系やその目的に応じて意味論の定義や完全性の意味合いもさまざまである. 上で完全性は『「ボーナス」のようなものである』といったが, 事実, 複雑すぎてどのような機械をとってきても完全にはなりえないような

[*6] 健全性をみたさない導出体系や, そもそも意味論を持たない導出体系を考えたり, さらには「意味論的実体の実在性があやふやであるから, 意味論は考えないことにしよう」という立場なども存在する.

推論対象（とその意味論）も存在する．**Gödel**（ゲーデル）の**不完全性定理**はこのような「完全な導出体系を作ることが不可能であること」を示す有名な結果の一つである．不完全性定理については本書の第9章で手短に述べる．

注意 2.35 以上では「機械」「複雑」という言葉をずさんに用いている．これらの言葉の正確な（数学的な）意味は本書の第II部で明らかになる．また一階述語論理の不完全性定理と完全性定理との関係も9.2節で説明される．

2.6.1 健　　全　　性

定理 2.36 (健全性) (Σ, E) を代数仕様とし，$\mathbf{s} = \mathbf{t}$ を Σ 上の等式とする．すると

$$\vdash_{(\Sigma, E)} \mathbf{s} = \mathbf{t} \quad \Longrightarrow \quad \models_{(\Sigma, E)} \mathbf{s} = \mathbf{t}$$

がなりたつ．

この証明は「等式 $\mathbf{s} = \mathbf{t}$ の導出に関する帰納法」，すなわち「等式 $\mathbf{s} = \mathbf{t}$ の証明木の高さに関する帰納法」という特徴的手法による．帰納的証明は本章でこれまでにも現れたが，ここでは証明の細部をいくつか示す．

(証明) 定理の仮定 $\vdash_{(\Sigma, E)} \mathbf{s} = \mathbf{t}$ は $\vdash_{(\Sigma, E)}$ の定義より（定義 2.21），$\mathbf{s} = \mathbf{t}$ を根とするような証明木 Π が（一つ以上）存在するということであった．また定理の結論 $\models_{(\Sigma, E)} \mathbf{s} = \mathbf{t}$ は，任意の (Σ, E) 代数 $\mathbb{X}$ と，$\mathbb{X}$ 上の任意の付値 J について，$[\![\mathbf{s}]\!]_{\mathbb{X}, J} = [\![\mathbf{t}]\!]_{\mathbb{X}, J}$ がなりたつということであった（定義 2.34, 2.31）．したがって定理の主張は，

> 任意の証明木 Π に対して，その根の等式を $\mathbf{s} = \mathbf{t}$ とするとき，任意の (Σ, E) 代数 $\mathbb{X}$ と，$\mathbb{X}$ 上の任意の付値 J について，$[\![\mathbf{s}]\!]_{\mathbb{X}, J} = [\![\mathbf{t}]\!]_{\mathbb{X}, J}$ がなりたつ

と同値である．以下，上の主張を Π の高さに関する帰納法で示す．

(1) ベースケース（Π の高さが 1）：定義 2.18 の導出規則のうち，仮定の等式が 0 個であるような規則を見ていけばよく，次の三つの場合がありえることがわかる．

(a) 最後に適用された導出規則が (公理) である場合：この場合 $(\mathbf{s} = \mathbf{t}) \in E$,
すなわち導出された等式自身が公理でなければならない. (Σ, E) 代数
$\mathbb{X}$ は E の公理すべてをみたすものと定義されていたので, $\mathbb{X} \models \mathbf{s} = \mathbf{t}$
を得る.

(b) 最後に適用された導出規則が (反射) である場合：この場合 $\mathbf{s} \equiv \mathbf{t}$, す
なわち等式の両辺が（構文論的に）等しい項でなければならない. こ
の場合 $[\![\mathbf{s}]\!]_{\mathbb{X},J} = [\![\mathbf{t}]\!]_{\mathbb{X},J}$ は自明である.

(c) 最後に適用された導出規則が (合同) である場合, ただし σ は 0 項演算
子：この場合も (b) と同じく, $\mathbf{s} \equiv \mathbf{t} \equiv \sigma$ がなりたち, 主張は自明と
なる.

(2) ステップケース（Π の高さが 2 以上）：証明木 Π において最後に適用された導
出規則（すなわち, 一番下で使われている導出規則）によって場合分けする.

(a) 最後に適用された導出規則が (合同) である場合：このとき項 $\mathbf{s}, \mathbf{t}$ は

$$\mathbf{s} \equiv \sigma(\mathbf{s}_1, \ldots, \mathbf{s}_n), \quad \mathbf{t} \equiv \sigma(\mathbf{t}_1, \ldots, \mathbf{t}_n), \tag{2.15}$$

の形をしていなければならず（ただし, いま Π の高さが 2 以上なので
$n \geq 1$）, 証明木 Π は次のような形になる.

$$\Pi \equiv \left[\begin{array}{cccc} \vdots \Pi_1 & \vdots \Pi_2 & & \vdots \Pi_n \\ \mathbf{s}_1 = \mathbf{t}_1 & \mathbf{s}_2 = \mathbf{t}_2 & \cdots & \mathbf{s}_n = \mathbf{t}_n \\ \hline & \mathbf{s} = \mathbf{t} & & \end{array} \text{(合同)} \right]$$

ここで $\Pi_1, \ldots, \Pi_n$ はそれぞれ等式

$$\mathbf{s}_1 = \mathbf{t}_1, \quad \ldots, \quad \mathbf{s}_n = \mathbf{t}_n$$

の証明木であり, それらの高さは Π の高さよりも小さい.
　帰納法の仮定より, $i = 1, \ldots, n$ のそれぞれに対して

$$\text{任意の } \mathbb{X} \text{ と } J \text{ に対し } [\![\mathbf{s}_i]\!]_{\mathbb{X},J} = [\![\mathbf{t}_i]\!]_{\mathbb{X},J} \tag{2.16}$$

を得る. これを用いて主張 $[\![\mathbf{s}]\!]_{\mathbb{X},J} = [\![\mathbf{t}]\!]_{\mathbb{X},J}$ は次のように示される.

$$\begin{aligned} [\![\mathbf{s}]\!]_{\mathbb{X},J} &= [\![\sigma]\!]_{\mathbb{X}}\big([\![\mathbf{s}_1]\!]_{\mathbb{X},J}, \ldots, [\![\mathbf{s}_n]\!]_{\mathbb{X},J}\big) \quad \text{定義 2.26 と (2.15) より} \\ &= [\![\sigma]\!]_{\mathbb{X}}\big([\![\mathbf{t}_1]\!]_{\mathbb{X},J}, \ldots, [\![\mathbf{t}_n]\!]_{\mathbb{X},J}\big) \quad \text{(2.16) より} \\ &= [\![\mathbf{t}]\!]_{\mathbb{X},J} \quad \text{定義 2.26 と (2.15) より} \end{aligned}$$

2.6 構文論 vs. 意味論　　57

(b) 最後に適用された導出規則が (代入) である場合：項 $\mathbf{s}, \mathbf{t}$ は

$$\mathbf{s} \equiv \mathbf{s}'[\mathbf{u}/\mathbf{x}] \quad \mathbf{t} \equiv \mathbf{t}'[\mathbf{u}/\mathbf{x}] \tag{2.17}$$

の形をしており，また証明木 Π は

$$\Pi \equiv \left[\begin{array}{c} \vdots \ \Pi' \\ \dfrac{\mathbf{s}' = \mathbf{t}'}{\mathbf{s} = \mathbf{t}} \ (\text{代入}) \end{array} \right]$$

の形をしていなければならない．帰納法の仮定より

$$\text{任意の } \mathbb{X} \text{ と } K \text{ に対し } [\![\mathbf{s}']\!]_{\mathbb{X},K} = [\![\mathbf{t}']\!]_{\mathbb{X},K} \tag{2.18}$$

を得るが，(2.18) における付値 K は任意であるため，特に K として $J[\mathbf{x} \mapsto [\![\mathbf{u}]\!]_{\mathbb{X},J}]$ をとってもよく（定義 2.29 を参照），次を得る．

$$\text{任意の } \mathbb{X} \text{ と } J \text{ に対し } [\![\mathbf{s}']\!]_{\mathbb{X},J[\mathbf{x} \mapsto [\![\mathbf{u}]\!]_{\mathbb{X},J}]} = [\![\mathbf{t}']\!]_{\mathbb{X},J[\mathbf{x} \mapsto [\![\mathbf{u}]\!]_{\mathbb{X},J}]} \tag{2.19}$$

ここで補題 2.30 を用いることにより主張 $[\![\mathbf{s}]\!]_{\mathbb{X},J} = [\![\mathbf{t}]\!]_{\mathbb{X},J}$ を得る．

(c) 最後に適用された導出規則が (対称) または (推移) である場合：(a) や (b) の場合と同様であり，略す．■

注意 2.37 上記の証明では Π の高さが 1 かどうかで明示的な場合分けを行ったが，厳密にいうとこの区別は意味がないことは，考えればすぐにわかる．上では (合同) 規則はベースケースとステップケースに分かれているが，ベースケースとステップケースに分けずに考えれば，(合同) 規則を統一的に処理することができる．

注意 2.38 上記の証明では 7 種類のケース分けを行った（(合同) 導出規則に対して二つの場合，他の導出規則についてはそれぞれ一つの場合）．これらのケースそれぞれは，帰納的証明の「構成部品」であると考えるとわかりやすい．

　たとえば例 2.22 の証明木を考えよう．木の根に位置する等式 $((xy)^{-1}x)y = e$ の恒真性を証明するには，定理 2.36 の証明における 7 種類の部品（ケース）を次のように組み合わせる．

58   2 等式論理——形式論理のショウケースとして

- ケース (1-a) を用いて $((xy)^{-1}x)y = (xy)^{-1}(xy)$ の恒真性を示し，

- ケース (1-a) をもう一度用いて $(xy)^{-1}(xy) = e$ の恒真性を示し，

- 最後にケース (2-c) を用いて $((xy)^{-1}x)y = e$ の恒真性を結論する．

2.6.2 完 全 性

構文論的な機械としての導出体系が「十分に強く」，恒真な等式をすべて導出することができるという性質を完全性とよぶ．

定理 2.39 (完全性) (Σ, E) を代数仕様とし，$\mathbf{s} = \mathbf{t}$ を Σ 上の等式とする．すると次がなりたつ．

$$\models_{(\Sigma, E)} \mathbf{s} = \mathbf{t} \quad \Longrightarrow \quad \vdash_{(\Sigma, E)} \mathbf{s} = \mathbf{t}$$

上記の定理は **Birkhoff** の完全性定理として知られている．

ここで一度立ち止まって，完全性に対してどのような証明が可能か考えてみよう．まず最初に思いつくのは，

与えられた恒真である等式に対して，その証明木を**構成してみせる**——
さらにいうと，証明木を構成するアルゴリズムを与える

ことであろうが，これはちょっとむずかしそうに思える．(たとえば帰納法を用いるか？ しかし何に関する帰納法？)

そのかわりに，主張の対偶を考えてみよう．つまり，

$$\nvdash_{(\Sigma, E)} \mathbf{s} = \mathbf{t} \quad \Longrightarrow \quad \nvDash_{(\Sigma, E)} \mathbf{s} = \mathbf{t},$$

さらに言い換えると，

$\mathbf{s} = \mathbf{t}$ の証明木が存在しない $\Longrightarrow$

$\llbracket \mathbf{s} \rrbracket_{\mathbb{X}, J} \neq \llbracket \mathbf{t} \rrbracket_{\mathbb{X}, J}$ となるような代数 $\mathbb{X}$ と付値 J が存在する，

という主張である．この最後の主張がわれわれが証明する内容である．すなわち，

証明不可能な等式 $\mathbf{s} = \mathbf{t}$ が与えられたとき，その等式を偽にするような**反例モデル** $\mathbb{X}, J$ を構成してみせる

2.6 構文論 vs. 意味論　　59

手続きをこれから与える.

　反例モデルとなる代数をどのように構成するのだろうか？　ポイントは，**意味論的対象**である反例モデル——(Σ, E) 代数 $\mathbb{X}$ と付値 J からなる——を**構文論的材料**を使って作ることにある.　具体的には，代数 $\mathbb{X}$ の台集合 X は Σ 項の集合（の適切な商集合）として定義される.

　まとめると，これから述べる証明は

> 構文論的材料を用いた反例モデルの構成

によるものであり，これは完全性を証明する上で用いられる標準的手法である.

　また特に，本章の等式論理においては，以下の証明で構成する反例モデル $\mathbb{X}, J$ は次の意味で「普遍的な」ものになっている：反例モデル $\mathbb{X}, J$ は与えられた（証明不可能な）等式 $\mathbf{s} = \mathbf{t}$ に依存せず，単一の反例モデルはすべての恒真でない等式を偽にする[*7].　すなわち，反例モデル $\mathbb{X}$ に対して

$$\vdash_{(\Sigma, E)} \mathbf{s} = \mathbf{t} \iff \mathbb{X} \models \mathbf{s} = \mathbf{t}. \tag{2.20}$$

がなりたつのである（ここで $\Longrightarrow$ は健全性によってなりたつことに注意）.　言い換えると，以下で構成する反例モデル $\mathbb{X}, J$ は，

- 任意の (Σ, E) 代数で恒真である等式を真とし，

- それ以外の等式を偽とするような

(Σ, E) 代数である.　このような代数を（集合 **Var** から生成された）**自由代数**とよぶ[*8].

　自由代数の概念は多くの場合，代数の間の準同型写像の概念を用いて記述され，本書ではこれを説明することはしないが（たとえば文献[1]を見よ），少々の直観的説明を試みる.　自由 (Σ, E) 代数とは，(Σ, E) 代数であるための**最少限**の等式をみたす (Σ, E) 代数である.　たとえば単元集合 $\mathbf{1} = \{0\}$ を考えてみよう.　任意の代数仕様 (Σ, E) に対して集合 $\mathbf{1}$ は (Σ, E) 代数 $\mathbf{1}$ を与える：実際，演算子の解釈 $[\![\sigma]\!]_{\mathbf{1}} : \mathbf{1}^n \to \mathbf{1}$ は一意に定まり，さらに E の公理は自明にみたされる.　この「縮退した」代数 $\mathbf{1}$ は，E によって強制される以外の等式も「たまたま」みたしてし

　[*7]　命題論理や述語論理においては，一般に反例モデルは反駁しようとする証明不可能な論理式に依存して変わる.

　[*8]　自由群の概念を知る読者ならば，その構成も強い構文論的性格を持つことに思いいたるだろう.

60   2 等式論理——形式論理のショウケースとして

まう．これと正反対の存在が自由 (Σ, E) 代数であり，E の公理とその論理的帰結を除くと，他の等式をみたすことはない．

以下の証明では，（反例モデルたる）自由 (Σ, E) 代数 $\mathbb{X}$ について述べる前に，まず自由 Σ 代数 $\mathbb{X}'$ を構成する．

(定理 2.39 の証明) まず，Σ 代数

$$\mathbb{X}' = \left(X', (\llbracket \boldsymbol{\sigma} \rrbracket_{\mathbb{X}'})_{\boldsymbol{\sigma} \in \Sigma} \right)$$

を次のように構文論的な材料から構成する．

- 集合 X' は（変数集合 **Var** を用いた）Σ 項すべての集合である．

- 各演算子 $\boldsymbol{\sigma} \in \Sigma_n$ を「構文論的に」解釈する．すなわち，

$$\begin{array}{rccc} \llbracket \boldsymbol{\sigma} \rrbracket_{\mathbb{X}'} : & (X')^n & \longrightarrow & X' \\ & (\mathbf{t}_1, \ldots, \mathbf{t}_n) & \longmapsto & \boldsymbol{\sigma}(\mathbf{t}_1, \ldots, \mathbf{t}_n). \end{array} \tag{2.21}$$

最後の行の右辺 $\boldsymbol{\sigma}(\mathbf{t}_1, \ldots, \mathbf{t}_n)$ は Σ 項であり，よって X' の元であることに注意せよ．

こうして Σ 代数 $\mathbb{X}'$ を手に入れた．一方で，$\mathbb{X}'$ は（まだ）(Σ, E) 代数ではない．たとえば例 2.20 の $(\Sigma_{\mathrm{g}}, E_{\mathrm{g}})$ を考えると，

$$e \in (\Sigma_{\mathrm{g}})_0, \quad \cdot \in (\Sigma_{\mathrm{g}})_2, \quad (\mathbf{x} \cdot e = \mathbf{x}) \in E_{\mathrm{g}}$$

であるので，$\mathbb{X}'$ が $(\Sigma_{\mathrm{g}}, E_{\mathrm{g}})$ 代数になるためには（特に $\mathbf{x}$ として e をとって）等式 $e \cdot e = e$ が真であること，すなわち X' の元として $e \cdot e$ と e が等しいことが必要である．しかしこれはなりたたない：理由は単純で，X' を項の集合として定義した以上，構文論的に等しくない二つの項 $e \cdot e$ と e は区別されるからである（$e \cdot e \not\equiv e$）．

よってわれわれは集合 X' を適切な同値関係で「割る」——すなわち，いくつかの元を同一視する——ことによって，公理がみたされることを強制する．そのための二項関係 $\sim_E \subseteq X' \times X'$ を次のように定義しよう．

$$\mathbf{s} \sim_E \mathbf{t} \quad \overset{\text{定義}}{\Longleftrightarrow} \quad \vdash_{(\Sigma, E)} \mathbf{s} = \mathbf{t} \tag{2.22}$$

サブ補題 2.40 二項関係 $\sim_E$ は同値関係である．

(サブ補題 2.40 の証明)   推移性を証明する（反射性と対称性は演習問題とする）．$\mathbf{s} \sim_E \mathbf{t}$ かつ $\mathbf{t} \sim_E \mathbf{u}$ であると仮定して，$\mathbf{s} \sim_E \mathbf{u}$ を示す．

二項関係 $\sim_E$ の定義により

$$\vdash_{(\Sigma, E)} \mathbf{s} = \mathbf{t} \quad \text{と} \quad \vdash_{(\Sigma, E)} \mathbf{t} = \mathbf{u}$$

がなりたつ．すなわち，(Σ, E) 上の証明木 Π, Π' が存在して

$$\Pi \equiv \left[\begin{array}{c} \vdots \\ \hline \mathbf{s} = \mathbf{t} \end{array} \right], \quad \Pi' \equiv \left[\begin{array}{c} \vdots \\ \hline \mathbf{t} = \mathbf{u} \end{array} \right]$$

となる．これらを用いて，定義 2.18 の (推移) 導出規則を用いることで次のような証明木を作ることができる．

$$\frac{\begin{array}{cc} \vdots\ \Pi & \vdots\ \Pi' \\ \mathbf{s} = \mathbf{t} & \mathbf{t} = \mathbf{u} \end{array}}{\mathbf{s} = \mathbf{u}} \text{ (推移)}$$

ゆえに $\vdash_{(\Sigma, E)} \mathbf{s} = \mathbf{u}$ であり，主張が示された． ■

このサブ補題により商集合 $X'/\!\sim_E$ を考えることができる．そして，

$$X := X'/\!\sim_E = \left\{ [\mathbf{s}]_{\sim_E} \mid \mathbf{s} \in X' \right\}$$

とする．

これから，この商集合 X に Σ 代数の構造を与え，それが E の公理をすべて真とすることを証明していく．Σ の演算子 $\sigma \in \Sigma_n$ は上の (2.21) と同様，次のように構文論的に解釈する：

$$\begin{aligned} [\![\sigma]\!]_{\mathbb{X}}: \quad & (X)^n & \longrightarrow & \quad X \\ & \left([\mathbf{t}_1]_{\sim_E}, \ldots, [\mathbf{t}_n]_{\sim_E}\right) & \longmapsto & \quad \left[\sigma(\mathbf{t}_1, \ldots, \mathbf{t}_n)\right]_{\sim_E}. \end{aligned} \tag{2.23}$$

ここでの問題は，上記の関数 $[\![\sigma]\!]_{\mathbb{X}}$ が well-defined になっているかどうかである：最後の行の右辺は文字どおりに読むと，同値類 $[\mathbf{t}_i]_{\sim_E}$ の代表元 $\mathbf{t}_i$ の選び方に依存しているように見え，このままでは定義の正当性は明らかでない．

サブ補題 2.41   関数 $[\![\sigma]\!]_{\mathbb{X}}$ は well-defined である．すなわち，

$$\mathbf{t}_1 \sim_E \mathbf{t}_1', \ \ldots, \ \mathbf{t}_n \sim_E \mathbf{t}_n'$$
$$\Longrightarrow \ \sigma(\mathbf{t}_1, \ldots, \mathbf{t}_n) \sim_E \sigma(\mathbf{t}_1', \ldots, \mathbf{t}_n')$$

がなりたつ．

(サブ補題 2.41 の証明)　サブ補題 2.40 と同様.（合同）導出規則を用いる.　　■

　ゆえに

$$\mathbb{X} := \big(X, (\llbracket \boldsymbol{\sigma} \rrbracket_{\mathbb{X}})_{\boldsymbol{\sigma} \in \Sigma}\big)$$

は確かに Σ 代数になっている.　この代数 $\mathbb{X}$ が確かに公理をみたし (Σ, E) 代数に
なっていることをみる前に, **カノニカル付値**とよばれる付値 J_c を定義しておこう.

$$J_c \colon \mathbf{Var} \longrightarrow \quad X$$
$$\mathbf{x} \quad \longmapsto [\mathbf{x}]_{\sim_E}$$

$\mathbf{x} \in \mathbf{Var}$ はそれ自身 Σ 項であるから X' の元であり, よって $[\mathbf{x}]_{\sim_E}$ は X である
ことに注意せよ.　このカノニカル付値は次のように,（変数だけでなく）任意の項
$\mathbf{t}$ に「拡張」される.

サブ補題 2.42　任意の Σ 項 $\mathbf{t}$ に対して, $\llbracket \mathbf{t} \rrbracket_{\mathbb{X},J_c} = [\mathbf{t}]_{\sim_E}$ がなりたつ.

(サブ補題 2.42 の証明)　項 $\mathbf{t}$ の帰納法による.　証明自体は簡単だが, 定理 2.39 の
証明の理解のために読者自身でやってみることを薦める.　　■

サブ補題 2.43　$\mathbb{X}$ は (Σ, E) 代数である.

(サブ補題 2.43 の証明)　$(\mathbf{s} = \mathbf{t}) \in E$ を公理とし, $J \colon \mathbf{Var} \to X$ を $\mathbb{X}$ 上の任意の
付値とする.　$\llbracket \mathbf{s} \rrbracket_{\mathbb{X},J} = \llbracket \mathbf{t} \rrbracket_{\mathbb{X},J}$ を示せばよい.

　項 $\mathbf{s}, \mathbf{t}$ に現れる変数を数え上げて $\mathbf{x}_1, \dots, \mathbf{x}_n$ とする（すなわち $\{\mathbf{x}_1, \dots, \mathbf{x}_n\} = \mathrm{FV}(\mathbf{s}) \cup \mathrm{FV}(\mathbf{t})$）.　付値 J はこれらの各変数 x_i に集合 X の元 $J(\mathbf{x}_i)$ を割り当てる.
$X = X'/{\sim_E}$ であるから, 代表元たる項 $\mathbf{u}_i$ を

$$J(\mathbf{x}_1) = [\mathbf{u}_1]_{\sim_E}, \ \dots, \ J(\mathbf{x}_n) = [\mathbf{u}_n]_{\sim_E} \tag{2.24}$$

となるように選ぼう.　すると

$$\begin{aligned}
\llbracket \mathbf{s} \rrbracket_{\mathbb{X},J} &= \llbracket \mathbf{s} \rrbracket_{\mathbb{X},J_c[\mathbf{x}_i \mapsto J(\mathbf{x}_i)]_{i=1}^n} && \text{補題 2.28 より} \\
&= \llbracket \mathbf{s} \rrbracket_{\mathbb{X},J_c[\mathbf{x}_i \mapsto [\mathbf{u}_i]_{\sim_E}]_{i=1}^n} && \text{(2.24) より} \\
&= \llbracket \mathbf{s} \rrbracket_{\mathbb{X},J_c[\mathbf{x}_i \mapsto \llbracket \mathbf{u}_i \rrbracket_{\mathbb{X},J_c}]_{i=1}^n} && \text{サブ補題 2.42 より}
\end{aligned}$$

$$= [\![\mathbf{s}[\mathbf{u}_1/\mathbf{x}_1]\cdots[\mathbf{u}_n/\mathbf{x}_n]]\!]_{\mathbb{X},J_c} \qquad 補題 2.30 より$$

$(J_c[\mathbf{x}_i \mapsto J(\mathbf{x}_i)]_{i=1}^n$ などの表記法については定義 2.29 を思い出せ.) 同様に $[\![\mathbf{t}]\!]_{\mathbb{X},J} = [\![\mathbf{t}[\mathbf{u}_1/\mathbf{x}_1]\cdots[\mathbf{u}_n/\mathbf{x}_n]]\!]_{\mathbb{X},J_c}$ を得る. ここで,

$$
\begin{aligned}
[\![\mathbf{s}]\!]_{\mathbb{X},J} &= [\![\mathbf{s}[\mathbf{u}_1/\mathbf{x}_1]\cdots[\mathbf{u}_n/\mathbf{x}_n]]\!]_{\mathbb{X},J_c} && 上より \\
&= \big[\mathbf{s}[\mathbf{u}_1/\mathbf{x}_1]\cdots[\mathbf{u}_n/\mathbf{x}_n]\big]_{\sim_E} && サブ補題 2.42 より \\
&= \big[\mathbf{t}[\mathbf{u}_1/\mathbf{x}_1]\cdots[\mathbf{u}_n/\mathbf{x}_n]\big]_{\sim_E} && (*) \\
&= [\![\mathbf{t}[\mathbf{u}_1/\mathbf{x}_1]\cdots[\mathbf{u}_n/\mathbf{x}_n]]\!]_{\mathbb{X},J_c} && サブ補題 2.42 より \\
&= [\![\mathbf{t}]\!]_{\mathbb{X},J} && 上より
\end{aligned}
$$

がなりたつ. ただし等号 $(*)$ ——すなわち $\vdash_{(\Sigma,E)} \mathbf{s}[\mathbf{u}_1/\mathbf{x}_1]\cdots[\mathbf{u}_n/\mathbf{x}_n] = \mathbf{t}[\mathbf{u}_1/\mathbf{x}_1]$ $\cdots[\mathbf{u}_n/\mathbf{x}_n]$ であること——は次の証明木からいえる.

$$
\cfrac{\cfrac{\overline{\mathbf{s}=\mathbf{t}}\ (公理),\ (\mathbf{s}=\mathbf{t})\in E}{\mathbf{s}[\mathbf{u}_1/\mathbf{x}_1] = \mathbf{t}[\mathbf{u}_1/\mathbf{x}_1]}\ (代入)}{\vdots \qquad\qquad\qquad}\ (代入)
$$
$$
\overline{\mathbf{s}[\mathbf{u}_1/\mathbf{x}_1]\cdots[\mathbf{u}_n/\mathbf{x}_n] = \mathbf{t}[\mathbf{u}_1/\mathbf{x}_1]\cdots[\mathbf{u}_n/\mathbf{x}_n]}\ (代入)
$$

以上によりサブ補題 2.43 が示された. ∎

定理 2.39 の証明に戻ろう. 次の事実

$$\nvdash_{(\Sigma,E)} \mathbf{s}=\mathbf{t} \quad\Longrightarrow\quad [\![\mathbf{s}]\!]_{\mathbb{X},J_c} \neq [\![\mathbf{t}]\!]_{\mathbb{X},J_c}$$

を示せば, 式 (2.20) の $\Longleftarrow$ 方向が証明されることは明らかである. 一方で, この事実はサブ補題 2.42 と, 式 (2.22) の $\sim_E$ の定義より明らかである. ∎

以上に述べた定理 2.39 の証明は少し長かったが, アイデアは単純である: すなわち, 項の集合 X' を証明可能な等式で同一視した商集合 $X = X'/\!\sim_E$ が, (Σ,E) 代数の台集合になるのである.

注意 2.44 代数学の抽象的議論に慣れない読者の理解の助けになるよう, 自由 Σ_g 代数 $\mathbb{X}'$ と自由 (Σ_g, E_g) 代数 $\mathbb{X}$ の元をいくつか例示する. 例 2.11 の代数仕様 (Σ_g, E_g) に対し,

$$X' = \{e,\ x,\ e\cdot e,\ \ldots\},$$

$$X = \left\{ [e]_{\sim_E},\ [x]_{\sim_E},\ [e \cdot e]_{\sim_E},\ \ldots \right\}$$

$$= \left\{ \begin{array}{l} \{e,\, e \cdot e,\, e \cdot (e \cdot e),\, (y \cdot y^{-1}) \cdot e,\, \ldots\}, \\ \{x,\, x \cdot e,\, x \cdot (x^{-1} \cdot x),\, (e \cdot x) \cdot e,\, \ldots\}, \\ \{e,\, e \cdot e,\, e \cdot (e \cdot e),\, (y \cdot y^{-1}) \cdot e,\, \ldots\}, \\ \ldots \end{array} \right\}.$$

たとえば $[e]_{\sim_E}$ と $[e \cdot e]_{\sim_E}$ は，上にあるとおり，商集合 $X = X'/{\sim_E}$ の元としては等しいことに注意せよ．

2.7　形式論理とは？

最後に，形式論理のショウケースとして等式論理を紹介した本章をまとめておく．形式論理の枠組みは次の構成要素からなることを見た．

- どのような文字列（すなわち構文論的実体）が well-formed な項や等式（論理式）となるのかを決める**構文論的仕様**（定義 2.8, 2.15）．

- 等式（論理式）を構文論的に導いていくための**導出規則**（定義 2.18）．

- どの等式（論理式）が真であるかを数学的に定める**意味論**（定義 2.31）．

導出規則と意味論を関係付けるのが**健全性**と**完全性**の二つの結果であった（定理 2.36, 2.39）．この二つの結果はそれぞれ特徴的な証明手法——健全性は**導出に関する帰納法**，完全性は**反例モデルの構文論的材料による構成**——によって証明された．図 2.2 も参照せよ．

この後の二つの章では，より複雑な形式論理の体系——命題論理と述語論理——を扱っていくが，上記のような体系のなりたちは同じである．

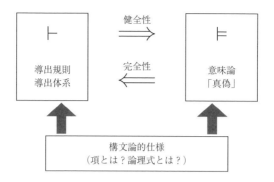

図 **2.2**　形式論理の体系.

3 命題論理

命題論理とは，たとえば

- 今日は雨だ

- 東京大学本郷キャンパスは東京都にある

- 東京大学柏キャンパスは東京都にある

- 東京大学理学部情報科学科は東京大学本郷キャンパスにある

などを原子命題として，それらを

$$\wedge \quad \vee \quad \supset \quad \neg$$

などの**論理結合子**で組み合わせていく形式論理の体系である．論理結合子 $\wedge$, $\vee$, $\supset$, $\neg$ の直観的な意味はそれぞれ「かつ」「または」「ならば」「〜でない」であるが，等式論理における記号 $=$ と同様にこれらはただの記号にすぎず，その意味は意味論を考える際にはじめて数学的に定義される．

　背後にある直観や理論の構成は第 2 章と同じであるため，この章では少し駆け足で命題論理の体系を導入していく．

3.1 論 理 式

　それ以上は分割できない原子命題を**命題変数**とよび，P, Q, R, P_1, P_2, ... などの記号を用いて書きあらわす．

定義 3.1 (命題変数の集合 PVar) 以下，可算無限集合 **PVar** を一つ定めておく．**PVar** の元を**命題変数**とよぶ．

　前章で述べたとおり，前章で行っていたメタレベルとオブジェクトレベルの記号の区別（2.1.4 節を参照）を本章以降では明示的に行わない：P と書いた場合，それは一つの具体的な命題変数かもしれないし，命題変数をあらわすメタ変数かもしれない，という具合である．

– 67 –

68   3 命 題 論 理

定義 3.2 命題論理式（あるいは単に**論理式**）の集合を，次の導出規則によって帰納的に定める．

$$\frac{P \in \mathbf{PVar}}{P \text{ は命題論理式}} \text{ (変数)}$$

$$\frac{A \text{ は命題論理式} \qquad B \text{ は命題論理式}}{A \wedge B \text{ は命題論理式}} \text{ (}\wedge\text{)}$$

$$\frac{A \text{ は命題論理式} \qquad B \text{ は命題論理式}}{A \vee B \text{ は命題論理式}} \text{ (}\vee\text{)}$$

$$\frac{A \text{ は命題論理式} \qquad B \text{ は命題論理式}}{A \supset B \text{ は命題論理式}} \text{ (}\supset\text{)} \qquad \frac{A \text{ は命題論理式}}{\neg A \text{ は命題論理式}} \text{ (}\neg\text{)}$$

命題論理式全体の集合を **PFml** と書きあらわす．

記号 $\wedge, \vee, \supset, \neg$ をまとめて**論理結合子**とよび，それぞれの記号を**連言**，**選言**，**含意**，**否定**とよぶ．命題論理式のためのメタ変数としては $A, B, C, \ldots$ を用いる．

記法 3.3 (括弧の省略) 論理結合子 $\wedge, \vee, \supset, \neg$ の結合の強さを

$$\neg \quad > \quad \wedge \quad = \quad \vee \quad > \quad \supset$$

と定めて，明らかな括弧は省略することにする．よってたとえば $\neg P \wedge Q \supset C$ は $((\neg P) \wedge Q) \supset C$——より正確には，後者の指し示す抽象構文木——をあらわす．

含意 $\supset$ は右結合するものとする：すなわち，$A \supset B \supset C$ は $A \supset (B \supset C)$ をあらわし，$(A \supset B) \supset C$ ではない．関数型プログラミングの経験のある読者は，これが関数型の構成子 $\to$ の結合の仕方と同じことに気づくだろう．実際，論理における含意 $\supset$ と，型理論における関数型 $\to$ の間には **Curry–Howard 対応**（カリー・ハワード対応）とよばれる対応があり，これは関数型プログラミングの基礎として理論的に重要であるのみならず，**プログラム抽出**などの応用面でも重要である．プログラム抽出をサポートするよく知られたツールに証明支援系 Coq などがある．

定義 3.4 (自由変数) 命題論理式 A のそれぞれに対して，その**自由変数**の集合 $\mathrm{FV}(A)$ を次のように，論理式 A の構成に関して帰納的に定義する．

$$\mathrm{FV}(P) \coloneqq \{P\} \qquad P \in \mathbf{PVar} \text{ のとき}$$

$$\mathrm{FV}(A \wedge B) \coloneqq \mathrm{FV}(A) \cup \mathrm{FV}(B)$$

$$\mathrm{FV}(A \vee B) \coloneqq \mathrm{FV}(A) \cup \mathrm{FV}(B)$$

$$\mathrm{FV}(A \supset B) \coloneqq \mathrm{FV}(A) \cup \mathrm{FV}(B)$$

$$\mathrm{FV}(\neg A) \coloneqq \mathrm{FV}(A)$$

以下では，次の略記法を用いる．

記法 3.5 ($\bigwedge \Gamma, \bigvee \Gamma\,;\top, \bot$) $\Gamma \equiv A_1, \ldots, A_m$ を論理式の有限列とする．

$$\text{論理式 } (\cdots(A_1 \wedge A_2) \wedge \cdots) \wedge A_m \text{ を } \bigwedge \Gamma \text{ と略記し，}$$

$$\text{論理式 } (\cdots(A_1 \vee A_2) \vee \cdots) \vee A_m \text{ を } \bigvee \Gamma \text{ と略記する．}$$

上記において $m = 0$ の場合（すなわち Γ が空列の場合），前もって定めておいた特定の命題変数 $P \in \mathbf{PVar}$ を用いて，$\bigwedge \Gamma$ を $P \supset P$ の略記と定める．同様に，$\bigvee \Gamma$ を $\neg(P \supset P)$ の略記とする．またさらに，

$$P \supset P \text{ を } \top \text{（「トップ」），}$$

$$\neg(P \supset P) \text{ を } \bot \text{（「ボトム」）}$$

とも書く．

論理式 $\top \equiv P \supset P$ は「常に真」であり，論理式 $\bot \equiv \neg(P \supset P)$ は「常に偽」であることが意図されている．しかし，論理式の真偽について正確に語るためには，意味論の定義を待つ必要があることは言うまでもない．

3.2 導 出 規 則

次に本節では，2.3 節において等式論理に対して行ったのと同じことを命題論理に対して行う．すなわち，導出規則を定義し導出体系を導入するのである．命題論理（と，次章に述べる述語論理）に対してはいくつかの異なる「スタイル」の導出体系があり，これらの証明可能性は等しいことが知られている．

- **自然演繹**とよばれる導出体系は Gentzen（ゲンツェン）による体系で，カリー–ハワード対応によって**型付き λ 計算**に対応するゆえ，型理論の研究者によってよく用いられる．

70   3 命 題 論 理

- **シーケント計算**は本書で用いる体系である．この体系も Gentzen による．**証明論**——証明（正確には証明木）を研究対象とする数学の一分野である——を展開する上で便利である．

- **ヒルベルト流**の導出体系は，体系の簡潔さに特色がある．仮定のない導出規則（これらは**公理**とよばれる）を数多く持つ一方，仮定を持つ導出規則は多くとも 2–3 個しか持たない．さらに，カリー–ハワード対応によって，ヒルベルト流の体系は**コンビネータ論理**とよばれる計算体系に対応する．コンビネータ論理とは λ 計算のように変数を使ったりはせず，代数系の一種として与えられる計算体系である．

- **タブロー法**は，シーケント計算の意味論駆動型変種と考えることができる．

以下，シーケント計算のスタイルで命題論理の導出体系を与えるわけだが，シーケント計算において導出されるのは単一の論理式ではなく，**シーケント**とよばれる構造体である．この拡張——論理式からシーケントへ——は一見ささいなものに見えるが，そのおかげで多くの技術的議論が劇的に簡略化されるような，重要な拡張である．

定義 3.6 (シーケント) シーケントとは命題論理式の有限列の二つ組を記号 $\Rightarrow$ で区切ったものである．すなわち，

$$A_1, \ldots, A_m \Rightarrow B_1, \ldots, B_n \tag{3.1}$$

（ただし A_i, B_j は命題論理式）がシーケントである．

　ここで，シーケントの両辺（$A_1, \ldots, A_m$ と $B_1, \ldots, B_n$）は命題論理式の**列**であることに注意しておく．よって特に (1) 順番を気にする（A, B, C と A, C, B を区別する），(2) 重複度を気にする（A, B, B と A, B を区別する）．また，m と n は 0 であってもよく，ゆえにシーケントの左辺と右辺は空列であってもよい．
　式 (3.1) のシーケントの直観的「意味」は，

　　左辺の命題論理式 $A_1, \ldots, A_m$ のすべてが真であれば，右辺 $B_1, \ldots, B_n$ の少なくとも一つが真である；

すなわち，$\bigwedge_i A_i \supset \bigvee_j B_j$ である．以降，意味論を定義する中で，この直観を数学的な定義に落としこむ．

以下に導入する命題論理に対する導出体系——シーケント計算のスタイルによる——は伝統的に **LK**（あるいは述語論理と区別するため**命題 LK**）とよばれる．これはドイツ語の名前 "logistischer klassischer Kalkül" に由来する．また，本章で扱う命題論理と述語論理の体系は**古典論理**とよばれるものである．なお，古典論理とは異なる論理体系の代表的なものとしては**直観主義論理**があり，直観主義論理では排中律 $A \vee \neg A$ や二重否定の除去 $\neg\neg A \supset A$ は恒真ではない．

定義 3.7 (命題 LK の導出規則) 命題論理の導出体系 LK における**導出規則**は表 3.1 のとおり．ここで $\Gamma, \Delta, \Pi, \Sigma, \ldots$ は論理式の有限列をあらわすメタ変数である．

定義 3.8 (証明木，証明可能性) 命題 LK の**証明木**とは，

- ノードがシーケントでラベル付けされた有限の高さの木であって，

- その各ノードが表 3.1 で与えられた導出規則に従っているもの

のことをいう．（「導出規則に従っている」の意味は定義 2.21 を参照せよ．）

証明木は**導出木**や，単に**証明**ともよばれる．

シーケント $\Gamma \Rightarrow \Delta$ が**証明可能である**（または**導出可能である**）とは，証明木 Π であって，その根 (root) が $\Gamma \Rightarrow \Delta$ になっているものが存在することをいう．このことを $\vdash \Gamma \Rightarrow \Delta$ と書きあらわす．

論理式 $A \in \mathbf{PFml}$ が**証明可能である**とは，（左辺が空列である）シーケント

$$\Rightarrow A$$

が証明可能であることをいう．このことを $\vdash A$ と書きあらわす．

LK においては，仮定を持たない導出規則は (始) 導出規則のみであることに注意しておく．よって証明木の葉（一番上のノード）は常に (始) 導出規則による．

構造規則は 7 種類あり，これらは個々の論理式を変形するというより，シーケントの両辺の論理式の列を操作する導出規則だとみることができる．(弱化), (縮約), (交換) のそれぞれに左・右の導出規則があり，対称性があることに注意しておく．(カット) 導出規則においては規則の前提部分にある論理式 A が消滅し，結論のシーケントには現れない．この論理式 A を**カット論理式**とよぶ．

72   3 命 題 論 理

表 3.1: 命題 LK の導出規則.

$\boxed{\text{始シーケント}}$

$$\frac{}{A \Rightarrow A} \ (\text{始})$$

$\boxed{\text{構造規則}}$

$$\frac{\Gamma \Rightarrow \Delta}{A, \Gamma \Rightarrow \Delta} \ (\text{弱化-左}) \qquad\qquad \frac{\Gamma \Rightarrow \Delta}{\Gamma \Rightarrow \Delta, A} \ (\text{弱化-右})$$

$$\frac{A, A, \Gamma \Rightarrow \Delta}{A, \Gamma \Rightarrow \Delta} \ (\text{縮約-左}) \qquad\qquad \frac{\Gamma \Rightarrow \Delta, A, A}{\Gamma \Rightarrow \Delta, A} \ (\text{縮約-右})$$

$$\frac{\Gamma, A, B, \Gamma' \Rightarrow \Delta}{\Gamma, B, A, \Gamma' \Rightarrow \Delta} \ (\text{交換-左}) \qquad\qquad \frac{\Gamma \Rightarrow \Delta, A, B, \Delta'}{\Gamma \Rightarrow \Delta, B, A, \Delta'} \ (\text{交換-右})$$

$$\frac{\Gamma \Rightarrow \Delta, A \quad A, \Pi \Rightarrow \Sigma}{\Gamma, \Pi \Rightarrow \Delta, \Sigma} \ (\text{カット})$$

$\boxed{\text{論理規則}}$

$$\frac{A, \Gamma \Rightarrow \Delta}{A \wedge B, \Gamma \Rightarrow \Delta} \ (\wedge\text{-左} 1)$$

$$\frac{B, \Gamma \Rightarrow \Delta}{A \wedge B, \Gamma \Rightarrow \Delta} \ (\wedge\text{-左} 2) \qquad\qquad \frac{\Gamma \Rightarrow \Delta, A \quad \Gamma \Rightarrow \Delta, B}{\Gamma \Rightarrow \Delta, A \wedge B} \ (\wedge\text{-右})$$

$$\frac{\Gamma \Rightarrow \Delta, A}{\Gamma \Rightarrow \Delta, A \vee B} \ (\vee\text{-右} 1)$$

$$\frac{A, \Gamma \Rightarrow \Delta \quad B, \Gamma \Rightarrow \Delta}{A \vee B, \Gamma \Rightarrow \Delta} \ (\vee\text{-左}) \qquad\qquad \frac{\Gamma \Rightarrow \Delta, B}{\Gamma \Rightarrow \Delta, A \vee B} \ (\vee\text{-右} 2)$$

$$\frac{\Gamma \Rightarrow \Delta, A \quad B, \Pi \Rightarrow \Sigma}{A \supset B, \Gamma, \Pi \Rightarrow \Delta, \Sigma} \ (\supset\text{-左}) \qquad\qquad \frac{A, \Gamma \Rightarrow \Delta, B}{\Gamma \Rightarrow \Delta, A \supset B} \ (\supset\text{-右})$$

$$\frac{\Gamma \Rightarrow \Delta, A}{\neg A, \Gamma \Rightarrow \Delta} \ (\neg\text{-左}) \qquad\qquad \frac{A, \Gamma \Rightarrow \Delta}{\Gamma \Rightarrow \Delta, \neg A} \ (\neg\text{-右})$$

3.2 導 出 規 則　　73

　論理規則については，論理結合子のそれぞれに対して左・右の導出規則がある．各導出規則において，結論の左辺または右辺に論理結合子がちょうど一つ**導入**されていることに注意せよ．

例 3.9 $A, B \in \mathbf{PFml}$ を論理式とする．シーケント $A \supset B \Rightarrow \neg(A \wedge \neg B)$ の証明木は図 3.1 のように与えられる．ただし (交換) 導出規則の適用は煩雑なため暗黙裡に行った．

　上記の例において，(∧-左) 導出規則を 2 回用いてから縮約する代わりに，次のような新しい (∧-左) 導出規則を用いてはどうかと考えることができる．

$$\frac{A, B, \Gamma \Rightarrow \Delta}{A \wedge B, \Gamma \Rightarrow \Delta} \ (\wedge\text{-左}') \tag{3.2}$$

実際，この新しい導出規則はシーケント $\Gamma \Rightarrow \Delta$ の直観的な意味 $(\bigwedge \Gamma) \supset (\bigvee \Delta)$ から考えても自然であろう．この新しい導出規則は次の意味で**導出可能**である．

定義 3.10 (導出可能な導出規則) 導出規則

$$\frac{\Gamma_1 \Rightarrow \Delta_1 \quad \cdots \quad \Gamma_n \Rightarrow \Delta_n}{\Gamma \Rightarrow \Delta}$$

が**導出可能**であるとは，

　　「$\Gamma \Rightarrow \Delta$ を根とし，$\Gamma_1 \Rightarrow \Delta_1, \ldots, \Gamma_n \Rightarrow \Delta_n$ を仮定とするような，証
　　明木が存在すること」

をいう．より正確にいうと，

- ノードがシーケントでラベル付けされた有限の高さの木であって，

$$\cfrac{\cfrac{A \Rightarrow A}{} (始) \quad \cfrac{\cfrac{\overline{B \Rightarrow B}}{B, \neg B \Rightarrow} (始)}{} (\neg\text{-左})}{\cfrac{A \supset B, A, \neg B \Rightarrow}{\cfrac{A \supset B, A \wedge \neg B, A \wedge \neg B \Rightarrow}{\cfrac{A \supset B, A \wedge \neg B \Rightarrow}{A \supset B \Rightarrow \neg(A \wedge \neg B)} (\neg\text{-右})} (縮約\text{-左})} (\wedge\text{-左 1}),(\wedge\text{-左 2})} (\supset\text{-左})$$

図 3.1　命題 LK の証明木の例．

- その各ノードが
  - 表 3.1 で与えられた導出規則に従っているか，あるいは
  - 葉であって，シーケント $\Gamma_1 \Rightarrow \Delta_1, \ldots, \Gamma_n \Rightarrow \Delta_n$ のいずれかであり，
- さらに根がシーケント $\Gamma \Rightarrow \Delta$ である

ものが存在することをいう．

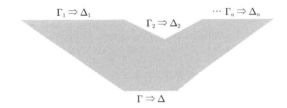

導出可能な導出規則は LK の証明における「マクロ」のようなものである．

例 3.11 (3.2) の導出規則 ($\wedge$-左 $'$) は以下の証明木のとおり導出可能である．

$$\cfrac{\cfrac{\cfrac{\cfrac{A, B, \Gamma \Rightarrow \Delta}{A \wedge B, B, \Gamma \Rightarrow \Delta}\ (\wedge\text{-左 1})}{B, A \wedge B, \Gamma \Rightarrow \Delta}\ (\text{交換-左})}{A \wedge B, A \wedge B, \Gamma \Rightarrow \Delta}\ (\wedge\text{-左 2})}{A \wedge B, \Gamma \Rightarrow \Delta}\ (\text{縮約-左})$$

次の補題は，シーケント $\Gamma \Rightarrow \Delta$ の直観的な意味が論理式 $(\bigwedge \Gamma) \supset (\bigvee \Delta)$ であることの情況証拠を与える．

補題 3.12 次は同値である．

(1) $\vdash \Gamma \Rightarrow \Delta$．

(2) $\vdash \bigwedge \Gamma \Rightarrow \bigvee \Delta$．

(3) $\vdash \bigwedge \Gamma \supset \bigvee \Delta$．

ここで $\bigwedge \Gamma$ や $\bigvee \Delta$ は記法 3.5 に定義されたとおり．

(証明) [(1) ⇒ (2)] 例 3.11 で導出規則 (∧-左′) が導出可能であることを示したのと同様にして，以下の導出規則も導出可能であることが示せる．

$$\frac{\Gamma \Rightarrow \Delta, A, B}{\Gamma \Rightarrow \Delta, A \vee B} \ (\vee\text{-右}') \tag{3.3}$$

この (∧-左′) と (∨-右′) を繰り返し使うことで (1) から (2) を得ることができる．

[(2) ⇒(3)] これは (⊃-右) の導出規則を使うだけである．

[(3) ⇒(1)] 説明のわかりやすさのため，$\Gamma \equiv A, B, \Delta \equiv C, D$ の場合を証明するが，一般の場合も同様である．次の導出規則

$$\frac{\Rightarrow (A \wedge B) \supset (C \vee D)}{A, B \Rightarrow C, D}$$

が導出可能であることを示せばよい．その証明木は以下のとおりであるが，

$$\frac{\Rightarrow (A \wedge B) \supset (C \vee D) \quad \dfrac{\overline{A, B \Rightarrow A \wedge B} \quad \overline{C \vee D \Rightarrow C, D}}{(A \wedge B) \supset (C \vee D), A, B \Rightarrow C, D} \ (\supset\text{-左})}{A, B \Rightarrow C, D} \ (\text{カット})$$

ここで葉にあたる $A, B \Rightarrow A \wedge B$ は以下で得られ，

$$\frac{\dfrac{\overline{A \Rightarrow A}}{A, B \Rightarrow A} \ (\text{弱化-左}) \quad \dfrac{\overline{B \Rightarrow B}}{A, B \Rightarrow B} \ (\text{弱化-左})}{A, B \Rightarrow A \wedge B} \ (\wedge\text{-右})$$

$C \vee D \Rightarrow C, D$ も同様に (∨-左) および (弱化-右) 規則で得られる．なお，(交換) および (始) 規則は省略した． ∎

例 3.13 以下のシーケントは LK で証明可能である．証明木の構築は各自試みよ．

(1) $A \Rightarrow \neg\neg A$

(2) $\neg\neg A \Rightarrow A$

(3) $\Rightarrow A \supset B \supset A$

(4) $(A \supset B) \supset B \supset C \Rightarrow A \supset B \supset C$

(5) $\Rightarrow (A \wedge B) \supset \neg(\neg A \vee \neg B)$

76   3 命 題 論 理

　本章で登場した以下の概念：

「命題変数」，「命題変数をあらわすメタ変数」，「命題をあらわすメタ変数」

は言い回しが似ているため混同してしまうかもしれないが，理解の助けになるよう前章の概念と対比させてみるならば，それぞれ，

　　　　「変数」，「変数をあらわすメタ変数」，「項をあらわすメタ変数」

が対応づく．

3.3　意　　味　　論

　これから命題論理の構文論的表現のそれぞれについてその「意味」を定義していく．構文論的表現とはすなわち，論理式——原子命題を命題変数として表現し，これらを論理結合子で組み合わせたもの——と，論理式のさらなる組み合わせであるシーケントであり，これらの意味を「真」「偽」のいずれかとして定めていく．

　まず最初に，定義 2.25 において行ったように変数の意味を定める必要がある．

定義 3.14 (付値) 付値とは，関数

$$J\colon \mathbf{PVar} \longrightarrow \{\mathrm{tt}, \mathrm{ff}\}$$

のことをいう．すなわち，付値 J は各命題変数 $P \in \mathbf{PVar}$ に tt（真 true をあらわす）または ff（偽 false をあらわす）を割り当てる．

　一般の（より複雑な）論理式についても，次のように付値を拡大することによりその意味を定義する．これは等式論理における定義 2.26 に似ている．

定義 3.15 (論理式の意味) $J\colon \mathbf{PVar} \to \{\mathrm{tt}, \mathrm{ff}\}$ を付値とする．各論理式 A について，その**意味**

$$[\![A]\!]_J \in \{\mathrm{tt}, \mathrm{ff}\}$$

を次にように，論理式 A の構成に関して帰納的に定義する．

$$[\![P]\!]_J = \mathrm{tt} \quad \overset{\text{定義}}{\Longleftrightarrow} \quad J(P) = \mathrm{tt} \quad \text{ただし } P \in \mathbf{PVar}$$

$$[\![A \wedge B]\!]_J = \mathrm{tt} \quad \overset{\text{定義}}{\Longleftrightarrow} \quad [\![A]\!]_J = \mathrm{tt} \text{ かつ } [\![B]\!]_J = \mathrm{tt}$$

$$\llbracket A \lor B \rrbracket_J = \text{tt} \quad \overset{\text{定義}}{\Longleftrightarrow} \quad \llbracket A \rrbracket_J = \text{tt} \;\text{または}\; \llbracket B \rrbracket_J = \text{tt}$$

$$\llbracket A \supset B \rrbracket_J = \text{tt} \quad \overset{\text{定義}}{\Longleftrightarrow} \quad \llbracket A \rrbracket_J = \text{ff} \;\text{または}\; \llbracket B \rrbracket_J = \text{tt}$$

$$\llbracket \neg A \rrbracket_J = \text{tt} \quad \overset{\text{定義}}{\Longleftrightarrow} \quad \llbracket A \rrbracket_J = \text{ff}$$

含意の論理式 $A \supset B$ の意味は日常言語の含意とは少し異なるかもしれない. たとえば

　　$0 = 1$ であるならば○○

という言明は仮定が偽であるので，○○の内容にかかわらず（数学的な意味では）常に真である.

真理値表は命題論理の意味論を扱う上で便利な記法である. 真理値表の各行は付値の選び方——より正確には，自由変数への真偽値の与え方——をあらわす. 例として，以下に論理式 $\neg P \lor Q$ と $P \supset Q$ の真理値表を示す.

P	Q	$\neg P$	$\neg P \lor Q$		P	Q	$P \supset Q$
tt	tt	ff	tt		tt	tt	tt
tt	ff	ff	ff		tt	ff	ff
ff	tt	tt	tt		ff	tt	tt
ff	ff	tt	tt		ff	ff	tt

$$(3.4)$$

等式論理においては「常に真である」ことを**恒真**とよんだ. これは述語論理でも同様であるが，命題論理においては歴史的経緯から**トートロジー**という用語がより一般的である.

定義 3.16 論理式 A が**トートロジー**であるとは，任意の付値 $J \colon \mathbf{PVar} \to \{\text{tt}, \text{ff}\}$ に対して $\llbracket A \rrbracket_J = \text{tt}$ がなりたつことをいう.

与えられた論理式 A がトートロジーかどうかを判定するにはどうしたらよいだろうか？　命題変数の集合 $\mathbf{PVar}$ は可算無限集合であるため，可能な付値すべての集合も無限集合であり（実数全体と同じ濃度），これらをすべて数え上げるわけにはいかない. しかし次の補題によって，真理値表を用いれば十分であることがわかる.

78   3 命 題 論 理

補題 3.17 J, J' を付値とし，A を論理式とする.

$$\text{任意の } P \in \mathrm{FV}(A) \text{ に対して } J(P) = J'(P)$$

であると仮定する（$\mathrm{FV}(A)$ は自由変数の集合，定義 3.4 を参照せよ）．すると

$$[\![A]\!]_J = [\![A]\!]_{J'}$$

がなりたつ.

(証明) 論理式 A の構成に関する帰納法による． ∎

定義 3.18 (充足可能性) 論理式 A が**充足可能**であるとは，$[\![A]\!]_J = \mathrm{tt}$ となる付値 J が少なくとも一つ存在することをいう.

定義 3.19 (論理的同値性) 論理式 A, B が**論理的同値**であるとは，任意の付値 J に対して $[\![A]\!]_J = [\![B]\!]_J$ がなりたつことをいう．このことを $A \cong B$ と書きあらわす.

トートロジーならば充足可能であるが，その逆はなりたたない.

例 3.20 $P \supset Q \supset P$ はトートロジーである．$((P \supset Q) \supset P) \supset P$ もトートロジーである[*1].
$(P \supset Q) \supset Q$ や $\neg P \supset P$ は充足可能だがトートロジーではない.
$P \wedge \neg P$ は充足可能でない.

補題 3.21　(1) 論理式 A が充足可能でないことと，論理式 $\neg A$ がトートロジーであることは同値である.

(2) 論理式 A, B が論理的同値であることと，論理式 $(A \supset B) \wedge (B \supset A)$ がトートロジーであることは同値である． ∎

(証明) いずれも，充足可能，トートロジー，論理的同値，そして意味の概念の定義に戻って考えればよい．詳細は各自試みよ． ∎

シーケントの意味を定義しよう.

---
*1　これはパースの法則とよばれ，排中律を認めない直観主義論理ではなりたたない命題である.

3.3 意　味　論　　79

定義 3.22 $\Gamma \Rightarrow \Delta$ をシーケントとする．付値 J のもとでのシーケントの**意味**
$[\![\Gamma \Rightarrow \Delta]\!]_J$ を

$$[\![\Gamma \Rightarrow \Delta]\!]_J := [\![\bigwedge \Gamma \supset \bigvee \Delta]\!]_J$$

によって定義する．ここで $\bigwedge \Gamma, \bigvee \Delta$ は記法 3.5 のとおりである．

シーケント $\Gamma \Rightarrow \Delta$ が**恒真**であるとは，論理式 $\bigwedge \Gamma \supset \bigvee \Delta$ がトートロジーであ
ることをいう．このことを $\models \Gamma \Rightarrow \Delta$ と書きあらわす．

特に，シーケント

$$A \Rightarrow$$

は論理式 $A \supset \bot$ と同一視することができる（$\bot$ は記法 3.5 を参照）．この $A \supset \bot$
が $\neg A$ と論理的同値であることはすぐにわかる．

次の命題 3.23 の (1) から (4) の論理的同値性によって，「否定 $\neg$ を論理式の内
側に押し込む」ことができる．これはたとえば

$$\neg(\neg(P \vee Q) \supset R) \cong (\neg P \wedge \neg Q) \wedge \neg R$$

といった具合であり，右辺では $\neg$ は命題変数のみに適用されている．

命題 3.23 A, B を任意の論理式とする．次の論理的同値性がなりたつ．

(1) $\neg(A \supset B) \cong A \wedge \neg B$

(2) $\neg(A \wedge B) \cong \neg A \vee \neg B$（ド・モルガン則）

(3) $\neg(A \vee B) \cong \neg A \wedge \neg B$（ド・モルガン則）

(4) $\neg\neg A \cong A$

(5) $A \vee (B \wedge C) \cong (A \vee B) \wedge (A \vee C)$（連言上の選言の分配則）

(6) $A \wedge (B \vee C) \cong (A \wedge B) \vee (A \wedge C)$（選言上の連言の分配則）

（証明） 任意の付値 J をとり，$[\![左辺]\!]_J = [\![右辺]\!]_J$ を示せばよいが，$[\![A]\!]_J, [\![B]\!]_J$,
$[\![C]\!]_J$ のそれぞれが tt か ff かで場合分けし，意味の定義（定義 3.15）に従って比
較すればよい．(1)–(3), (4), (5)–(6) では，それぞれ，$(2^2 =)\, 4, (2^1 =)\, 2, (2^3 =)\, 8$
通りに場合分けすることになる．

80   3 命 題 論 理

ただし，論理式の直観的な意味を考えるとより少ない場合分けで証明可能である．たとえば (1) は次の 3 通りに場合分けしてもよい：(i) $[\![B]\!]_J = \text{tt}$ のとき，(ii) $[\![B]\!]_J = \text{ff}$ かつ $[\![A]\!]_J = \text{tt}$ のとき，(iii) $[\![B]\!]_J = \text{ff}$ かつ $[\![A]\!]_J = \text{ff}$ のとき． ■

否定を内側に押し込むだけではなく，上記の分配則を用いて以下の標準形を得ることができる．これらの標準形は，情報科学のさまざまな場面で用いられる．

定義 3.24 (連言標準形，選言標準形) リテラルとは命題変数 $P \in \mathbf{PVar}$ またはその否定 $\neg P$（ただし $P \in \mathbf{PVar}$）のことをいう[*2]．

命題論理式 A が**連言標準形** (conjunctive normal form, CNF) であるとは，A がリテラルの選言の連言，すなわち

$$A \equiv \bigwedge_{i=1}^{n} \bigvee_{j=1}^{m_i} L_{ij}$$

の形であることをいう（ここで L_{ij} はリテラル）．また，命題論理式 A が**選言標準形** (disjunctive normal form, DNF) であるとは，A がリテラルの連言の選言，すなわち

$$A \equiv \bigvee_{i=1}^{n} \bigwedge_{j=1}^{m_i} L_{ij}$$

の形であることをいう．

命題 3.25 任意の命題は，ある連言標準形の命題と論理的同値であり，そして，ある選言標準形の命題とも論理的同値である．

(証明) 命題 3.23 (1)–(6) を用いて以下のように論理的同値性を保ちつつ変形していく．

(i) まず (1) の両辺の否定をとり，(2) を 1 回と (4) を 2 回使うことにより

$$A \supset B \cong \neg A \lor B$$

がいえる．これにより，任意の所与の命題を含意「$\supset$」のない命題へ変形することができる．

[*2] 文献によって，否定リテラル $\neg P$ は $\overline{P}$ と書きあらわされることもある．

(ii) 次に (2), (3), (4) を用いて，否定「¬」を一番内側に押し込むことができる
と同時に，命題変数についている否定「¬」は 0 個か 1 個にできる．

(iii) 最後に，連言上の選言の分配束を繰り返し使えば連言標準形を，他方，選言
上の連言の分配束を繰り返し使えば選言標準形を得ることができる． ■

3.4 構文論 vs. 意味論

等式論理について 2.6 節で見たことがらを，ここでは命題論理について見てい
く．すなわち，命題 LK の健全性と完全性を示す．

健全性は等式論理の健全性（定理 2.36）と同様である．

定理 3.26 (健全性) $\vdash \Gamma \Rightarrow \Delta$ ならば $\models \Gamma \Rightarrow \Delta$. ■

(証明) 定理 2.36 の証明と同様であり，証明木についての帰納法で証明できる． ■

論理学や理論計算機科学における証明の大部分は帰納法によるといっても過言で
はない．読者にはぜひ，定理 2.36 の証明をまねして上の健全性の証明を自分で書
き下して，帰納法に慣れ親しんでもらいたい．

系 3.27 任意の論理式 A について，$\vdash A$ ならば A はトートロジーである． ■

定理 3.28 (完全性) $\models \Gamma \Rightarrow \Delta$ ならば $\vdash \Gamma \Rightarrow \Delta$.

完全性の証明の方針は第 2 章，等式論理の場合と基本は同じである：われわれは
対偶

$$\nvdash \Gamma \Rightarrow \Delta \text{ ならば } \nvDash \Gamma \Rightarrow \Delta$$

を示す．すなわち，証明不可能なシーケントに対して反例モデルを構成していく．
命題論理において「モデル」というのは付値のことであることに注意せよ．反例
モデルの構成には（以前と同じく）**構文論的な材料**を用いる．

いま，われわれは $\nvDash \Gamma \Rightarrow \Delta$ を示すための付値を構成したいのだが，付値 J は
論理式全体 **PFml** を次のように分ける：

$$\mathbf{PFml} = U_J \sqcup V_J \quad U_J := \left\{ A \mid [\![A]\!]_J = \mathrm{tt} \right\} \quad V_J := \left\{ A \mid [\![A]\!]_J = \mathrm{ff} \right\}.$$

以下でわれわれはこの (U_J, V_J) を「徐々に」構成していく．

82   3 命 題 論 理

定義 3.29 (無矛盾対) (U, V) を論理式の集合の対とする（すなわち $U, V \subseteq \mathbf{PFml}$）．
このような対 (U, V) が**無矛盾対**であるとは，次がなりたつことをいう：U の元の
任意の有限列 Γ と V の元の任意の有限列 Δ について，$\nvdash \Gamma \Rightarrow \Delta$.

無矛盾対の概念について，その直観は以下のとおりである．

- 対 (U, V) によって，われわれは，

  - U に属する論理式はすべて真であり，
  - V に属する論理式はすべて偽である

  ことを主張する．

- このようなわれわれの主張に対して，導出体系 LK は「われわれのウソを暴
  こう」とする．より具体的には，うまく Γ と Δ を U と V から選んで $\Gamma \Rightarrow \Delta$
  に対する証明木を構成しようとする．もしも LK がそれに成功したら，これ
  は（健全性より）どのような付値に対しても，Δ の論理式が少なくとも一
  つ真であるか，または Γ の論理式が少なくとも一つ偽であることを意味す
  る．これはわれわれの主張（U はすべて真，V はすべて偽）に反するので，
  LK はわれわれのウソを暴いたことになる．

- 対 (U, V) が無矛盾であるとは，以上のような試みにおいて LK が決して成
  功しないことをいう．

定義 3.30 (極大無矛盾対) **極大無矛盾対**とは，任意の論理式 A に対して $A \in U$
または $A \in V$ となるような無矛盾対 (U, V) のことをいう．

上記の直観に基づくと，極大無矛盾対においてわれわれはすべての論理式 A につ
いて，その真偽を主張することになる．

補題 3.31 (U, V) を無矛盾対とする．

(1) U と V は共通の元を持たない（$U \cap V = \emptyset$）.

(2) (U, V) を極大無矛盾対に拡大することができる．すなわち，$U \subseteq U', V \subseteq V'$,
    かつ (U', V') が極大無矛盾対であるような $U', V' \subseteq \mathbf{PFml}$ が存在する．

(証明) (1) 仮に $A \in U \cap V$ なる論理式 A が存在するなら, $\Gamma \equiv \Delta \equiv A$ とすれば
シーケント $\Gamma \Rightarrow \Delta$ は証明可能である（(始) 導出規則より明らか）. これは (U, V)
の無矛盾性に反する.

(2) **PVar** が可算無限集合であったので, 命題論理式全体の集合 **PFml** も可算
無限集合である[*3]. したがってその元を一列に並べて, $A_0, A_1, A_2, \ldots$ というふ
うにすべて数え上げることができる. すなわち

$$\{A_0, A_1, A_2, \ldots\} = \textbf{PFml}$$

がなりたつ.

各自然数 $i \in \mathbb{N}$ に対して, 無矛盾対 (U_i, V_i) を次のように帰納的に構成してい
く. まず $U_0 := U$ かつ $V_0 := V$ とおく. また, (U_i, V_i) まで構成したら, 論理式
A_i を U_i または V_i に加えることにより, 新たな無矛盾対 (U_{i+1}, V_{i+1}) を得る.

このような構成が可能かどうか, 確かめよう.

サブ補題 3.32 $i \in \mathbb{N}$ を自然数とし, 上記の構成で (U_i, V_i) まで無矛盾対を構成し
たとしよう. すると

$$\bigl(U_i \cup \{A_i\}, V_i\bigr) \quad \text{と} \quad \bigl(U_i, V_i \cup \{A_i\}\bigr)$$

のうち少なくとも一つは無矛盾対である.

(サブ補題 3.32 の証明) 背理法による. 結論が偽であるとしよう. すると無矛盾
対の定義より,

$$U_i \cup \{A_i\} \text{ の元からなる } \Gamma, \qquad V_i \text{ の元からなる } \Delta,$$
$$U_i \text{ の元からなる } \Pi, \qquad\qquad V_i \cup \{A_i\} \text{ の元からなる } \Sigma$$

の四つの有限列で $\vdash \Gamma \Rightarrow \Delta$ かつ $\vdash \Pi \Rightarrow \Sigma$ となるものが存在する. ここで Γ は必
ず論理式 A_i を含むことに注意しよう（さもないと, $\vdash \Gamma \Rightarrow \Delta$ によって, そもそ
も (U_i, V_i) が無矛盾対であったことと矛盾してしまう）. よって Γ を

$$\Gamma \equiv \Gamma', A_i, \Gamma'' \quad (\text{ただし } \Gamma', \Gamma'' \text{ は } U_i \text{ の元のみからなる})$$

[*3] ここでは第 1 章で説明した以上の素朴集合論の知識を用いているが, なじみのない読者はこの
結論だけ認めればよい.

と分解することができる．同様の議論により Σ は A_i を必ず含み，$\Sigma \equiv \Sigma', A_i, \Sigma''$（ただし Σ', Σ'' は V_i の元のみからなる）となる．

$\vdash \Gamma', A_i, \Gamma'' \Rightarrow \Delta$ と $\vdash \Pi \Rightarrow \Sigma', A_i, \Sigma''$ がともになりたつので，（カット）推論規則によって $\vdash \Pi, \Gamma', \Gamma'' \Rightarrow \Sigma', \Sigma'', \Delta$ が下のように示せる．

$$
\cfrac{
\cfrac{\vdots}{\cfrac{\Pi \Rightarrow \Sigma', A_i, \Sigma''}{\Pi \Rightarrow \Sigma', \Sigma'', A_i} \text{（交換-右）}}
\quad
\cfrac{\vdots}{\cfrac{\Gamma', A_i, \Gamma'' \Rightarrow \Delta}{A_i, \Gamma', \Gamma'' \Rightarrow \Delta} \text{（交換-左）}}
}{\Pi, \Gamma', \Gamma'' \Rightarrow \Sigma', \Sigma'', \Delta} \text{（カット）}
$$

これは (U_i, V_i) の無矛盾性に反する． ∎

補題 3.31 (2) の証明に戻ろう．サブ補題 3.32 によって，無矛盾対の列

$$(U_0, V_0), \quad (U_1, V_1), \quad \ldots$$

の（上に述べたような）構成が可能であることがわかった．（ただし，この列は一意に決まるわけではないことに注意せよ．A_i を U_i と V_i のどちらに加えても無矛盾対になる場合は，どちらに加えるか選択の余地がある．）この構成の仕方により，任意の自然数 $i \in \mathbb{N}$ に対して次のすべてがなりたつ．

- (U_i, V_i) は無矛盾．

- $U_i \subseteq U_{i+1}$ かつ $V_i \subseteq V_{i+1}$．

- $A_i \in U_{i+1} \cup V_{i+1}$．

ここで

$$U' := \bigcup_{i \in \mathbb{N}} U_i, \quad V' := \bigcup_{i \in \mathbb{N}} V_i$$

とおき，以下 (U', V') が極大無矛盾対であることを示す．任意の論理式 A_i が U' または V' に属することは，$A_i \in U_{i+1} \cup V_{i+1}$ より明らか．

サブ補題 3.33 (U', V') は無矛盾対である．

(サブ補題 3.33 の証明) 無矛盾でないとすると，U' の元の列 $B_1, \ldots, B_m$ と V' の元の列 $C_1, \ldots, C_n$ がとれて

$$\vdash B_1, \ldots, B_m \Rightarrow C_1, \ldots, C_n$$

がなりたつ．ここで，$B_1, \ldots, B_m$ の列には有限個（m 個）の論理式しか現れず，一方 U_i は i についてだんだん大きくなるので，十分大きな自然数 $\ell \in \mathbb{N}$ に対して

$$B_1, \ldots, B_m \in U_\ell$$

がいえる[*4]．同様にして，十分大きな ℓ' について，$C_1, \ldots, C_n \in V_{\ell'}$ がいえ，さらに $k = \max\{\ell, \ell'\}$ とすると

$$B_1, \ldots, B_m \in U_k \text{ かつ } C_1, \ldots, C_n \in V_k$$

がなりたつ．これは (U_k, V_k) が無矛盾対でないことを示し，(U_k, V_k) の構成に反する． ∎

最後に，$U \subseteq U'$ かつ $V \subseteq V'$ であることは $U = U_0$ かつ $V = V_0$ から明らかである．以上により補題 3.31 が証明できた． ∎

以下，極大無矛盾対——証明可能性 $\vdash$ を用いた「構文論的」概念であることに注意せよ——が（意味論的「モデル」である）付値をひきおこすことを見ていく．まず次の事実を証明しよう．

補題 3.34 (U', V') を極大無矛盾対とする．

(1) $A \wedge B \in U'$ と「$A \in U'$ かつ $B \in U'$」は同値．

(2) $A \vee B \in U'$ と「$A \in U'$ または $B \in U'$」は同値．

(3) $A \supset B \in U'$ と「$A \notin U'$ または $B \in U'$」は同値．

(4) $\neg A \in U'$ と $A \notin U'$（すなわち $A \in V'$）は同値．

(証明) LK の論理規則を用いる．ここでは (2) の右向きの含意のみ証明する．（残りの証明も同様であるか，あるいはより易しい．）

背理法による．$A \vee B \in U'$ かつ $A \notin U', B \notin U'$ であると仮定すると，後者二つの条件は (U', V') の極大性から $A, B \in V'$ を意味する．ところが $\vdash A \vee B \Rightarrow A, B$ は LK の ($\vee$-左) 導出規則および (弱化-右) 導出規則から明らかであり，(U', V') の無矛盾性に反する． ∎

[*4] このサブ補題の証明の本質は，この一文の「有限と無限のせめぎあい」の部分にある．

86   3 命題論理

補題 3.35 (U', V') を極大無矛盾対とする．付値 $J\colon \mathbf{PVar} \to \{\mathrm{tt}, \mathrm{ff}\}$ を

$$J(P) = \mathrm{tt} \quad \overset{\text{定義}}{\iff} \quad P \in U'$$

によって定める．すると任意の論理式 A について，

$$[\![A]\!]_J = \mathrm{tt} \iff A \in U'$$

がなりたつ．

(証明) 論理式 A の構成に関する帰納法による．補題 3.34 を用いる． ■

　以上の準備のもとで，完全性を証明する．

(定理 3.28 の証明) $\not\vdash \Gamma \Rightarrow \Delta$ とする．列 Γ に現れる論理式すべての集合を U とし，Δ のそれを V としよう．すると明らかに (U, V) は無矛盾対となる（弱化および交換の導出規則を使えばよい）．補題 3.31 (2) によって (U, V) は極大無矛盾対 (U', V') に拡張できる．付値 $J\colon \mathbf{PVar} \to \{\mathrm{tt}, \mathrm{ff}\}$ を

$$J(P) = \mathrm{tt} \quad \overset{\text{定義}}{\iff} \quad P \in U'$$

によって定義すると，補題 3.35 によって

　任意の $A \in U'$ について $[\![A]\!]_J = \mathrm{tt}$ かつ 任意の $B \in V'$ について $[\![B]\!]_J = \mathrm{ff}$

がなりたつ．ゆえに付値 J のもとでは，Γ のすべての論理式は真，かつ，Δ のすべての論理式は偽となる．よって $[\![\Gamma \Rightarrow \Delta]\!]_J = \mathrm{ff}$，さらに $\not\models \Gamma \Rightarrow \Delta$ を得る． ■

　まとめると，証明不可能なシーケント $\Gamma \Rightarrow \Delta$ を極大無矛盾対に拡張し，これを用いて付値（反例モデル）J を構成したのであった．このような完全性証明はタブロー法の常套手段であり，古典命題論理以外にも述語論理，様相論理，直観主義論理などさまざまな論理の導出体系の完全性を示すのに用いられる[*5]．

[*5] このような込み入った証明を理解するには，本を閉じて自分でもう一度証明を書いてみたり，本に書いてあることを逆順にたどっていったり，あるいは直接的に証明しようとするとどうなるか考えてみたりするとよい．

4 述　語　論　理

　述語論理は命題論理の拡張である．構文論的には次のような違いがあり，それ
に応じて意味論も拡張される．

- 言明を表現する論理式に加えて，(「花子」「太郎」「花子と太郎の長女」「自
  然数 0」といった) **個体**を表現する**項**を持つ．

- ∀ (**全称量化子**，「すべての」) および ∃ (**存在量化子**，「ある」) の二つの量
  化子を持つ．

4.1　項 と 論 理 式

　述語論理の構文論は二つのパラメータ——**関数記号**と**述語記号**——に依存する．
関数記号の集合および述語記号の集合は，シグニチャ (定義 2.6) として与えられ
る．すなわち各々の関数記号・述語記号は，ある自然数 $n \in \mathbb{N}$ が決められていて，
n 個の引数をとる記号となっている．関数記号のなすシグニチャを **FnSymb** と
書き，述語記号のなすシグニチャを **PdSymb** と書くことにする．

　以下しばしば，関数記号として f, g, h, ... を用い，述語記号として P, Q, R,
... を用いる．

例 4.1　いま関数記号と述語記号として，

$$\mathbf{FnSymb}_0 = \{c\}, \quad \mathbf{FnSymb}_1 = \{f\}, \quad \mathbf{FnSymb}_2 = \mathbf{FnSymb}_3 = \cdots = \emptyset;$$

$$\mathbf{PdSymb}_0 = \mathbf{PdSymb}_1 = \emptyset, \quad \mathbf{PdSymb}_2 = \{P\},$$

$$\mathbf{PdSymb}_3 = \mathbf{PdSymb}_4 = \cdots = \emptyset$$

なるものを考えよう．各記号の (インフォーマルな) 意味を，

　　c:「六代目海老蔵」　$f(x)$:「x の父」　$P(x, y)$:「x, y は共演したことがある」

とすると，次のようにさまざまな言明を述語論理式で表現することができる．

– 87 –

88   4 述 語 論 理

- 「六代目海老蔵とその父は共演したことがある」:

$$P(c, f(c))$$

- 「共演したことがあるという関係は対称的」:

$$\forall x.\forall y.\bigl(P(x, y) \supset P(y, x)\bigr)$$

- 「役者には必ず共演者がいる」:

$$\forall x.\exists y.P(x, y)$$

- 「すべての役者と共演したことのある役者がいる」:

$$\exists x.\forall y.P(x, y)$$

以下，述語論理の構文論をフォーマルに定義していく．まず，述語論理における**変数**は（「太郎」「花子」「六代目海老蔵」などの）個体を指し示すものである．これは等式論理（第 2 章）の場合と同じであり，命題論理（第 3 章，命題変数は原子命題をあらわす）の場合とは異なる．

定義 4.2 (変数の集合 Var) 以下，可算無限集合 **Var** を一つ定めておく．**Var** の元を**変数**とよぶ．

定義 4.3 (項と論理式) **FnSymb** と **PdSymb** をシグニチャとする．述語論理における**項**とは **FnSymb** 項のことである．（シグニチャとその項は定義 2.6, 2.8 で定義した．）すなわち，項は以下の導出規則で定義される：

$$\frac{x \in \mathbf{Var}}{x \text{ は項}} \ (\text{変数})$$

$$\frac{t_1 \text{ は項} \quad t_2 \text{ は項} \quad \cdots \quad t_n \text{ は項} \quad \sigma \in \mathbf{FnSymb}_n}{\sigma(t_1, \ldots, t_n) \text{ は項}} \ (\text{演算子})$$

（**FnSymb** 上の）項の集合を **Terms** と書く[*1]．

[*1]　より正確には，**Terms(FnSymb)** などの記号を用いて **FnSymb** への依存関係を陽に表現すべきであるが，読みにくくなるのでこれを行わない．下の **Fml** についても同様．

また，**FnSymb** および **PdSymb** 上の（述語）論理式の集合 **Fml** は次の導出規則によって帰納的に定める．

$$\frac{t_1 \text{ は項} \quad t_2 \text{ は項} \quad \cdots \quad t_n \text{ は項} \quad P \in \mathbf{PdSymb}_n}{P(t_1,\ldots,t_n) \text{ は述語論理式}} \ (\text{原子})$$

$$\frac{A \text{ は述語論理式} \quad B \text{ は述語論理式}}{A \wedge B \text{ は述語論理式}} \ (\wedge)$$

$$\frac{A \text{ は述語論理式} \quad B \text{ は述語論理式}}{A \vee B \text{ は述語論理式}} \ (\vee)$$

$$\frac{A \text{ は述語論理式} \quad B \text{ は述語論理式}}{A \supset B \text{ は述語論理式}} \ (\supset) \qquad \frac{A \text{ は述語論理式}}{\neg A \text{ は述語論理式}} \ (\neg)$$

$$\frac{x \in \mathbf{Var} \quad A \text{ は述語論理式}}{\forall x.A \text{ は述語論理式}} \ (\forall) \qquad \frac{x \in \mathbf{Var} \quad A \text{ は述語論理式}}{\exists x.A \text{ は述語論理式}} \ (\exists)$$

$P(t_1,\ldots,t_n)$ の形の論理式を**原子論理式**とよぶ．$\forall x.A$ の形の論理式を**全称量化論理式**，$\exists x.A$ の形の論理式を**存在量化論理式**とよぶ．

記法 4.4 (括弧の省略) 量化子 $\forall x.$ および $\exists x.$ は，他の論理結合子（$\wedge$ や $\supset$ など）よりも強く結合するものと定めて，明らかな括弧は省略することにする．

述語論理の構文論は等式論理や命題論理のそれよりもはるかに複雑である．大きな特徴は**変数束縛子**の存在である：$\forall x.$ や $\exists x.$ などの量化子は，変数 x の現れのうちのいくつかを**束縛**するのである．この変数束縛のアイデアは，プログラムにおける変数の「スコープ」に近い．

定義 4.5 (自由な現れ，束縛された現れ，スコープ) 論理式 A における変数 x の現れが**束縛されている**とは，その現れが量化子 $\forall x.$ または $\exists x.$ の内側[*2]にあることをいう．束縛されていない変数の現れは**自由**であるという．

論理式 A の構文木における変数の現れ y が量化子 $\forall x.$ または $\exists x.$ の現れのスコープにあるとは，その変数の現れ y が，

- その量化子の現れの内側にあり，しかし，

---

*2 内側とは $\forall x.B$ または $\exists x.B$ の B のこと．

- その量化子の現れの内側にあるような x の量化子[*3]の現れの内側にはない

ときをいう．

例 4.6 論理式 $(\forall x.P(x,y)) \supset Q(x,y)$ において，

- x の最初の現れ（$P(x,y)$ の内側のそれ）は束縛されており，
- x の二つ目の現れ，および y の（二つの）現れは自由である．

下の抽象構文木も参考にせよ．

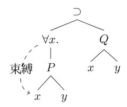

例 4.7 論理式 $\forall x.(P(x,y) \supset \exists x.Q(x))$ において，$Q(x)$ での x の現れは $\forall x.$ の内側にも $\exists x.$ の内側にもあり，束縛された現れであるが，$\forall x.$ のスコープには入っておらず，$\exists x.$ のスコープには入っている．$P(x,y)$ での x の現れおよび y の現れはともに，$\exists x.$ のスコープには入っておらず，$\forall x.$ のスコープには入っている．

論理式 $\forall x.(P(x,y) \supset \exists y.Q(x))$ において，$Q(x)$ の x の現れは $\forall x.$ のスコープにも $\exists y.$ のスコープにも入っている．

定義 4.8 (自由変数) 変数 x が論理式 A において自由な現れを持つとき，x は A の**自由変数**であるという．

以下この定義を帰納法によって与える．項 $t \in \mathbf{Terms}$ に対して，その**自由変数**の集合 $\mathrm{FV}(t)$ を次のように，t の構成について帰納的に定義する．

$$\mathrm{FV}(x) := \{x\} \qquad x \in \mathbf{Var} \text{ のとき};$$
$$\mathrm{FV}\bigl(f(t_1,\ldots,t_n)\bigr) := \mathrm{FV}(t_1) \cup \cdots \cup \mathrm{FV}(t_n).$$

[*3] $\forall$ と $\exists$ の別を問わない．たとえば，「$\forall x.$ の内側の $\forall x.$」も「$\forall x.$ の内側の $\exists x.$」も「量化子の

ここで $f \in \mathbf{FnSymb}$ は n 項関数記号である.

さらに,論理式 $A \in \mathbf{Fml}$ について,その**自由変数**の集合 $\mathrm{FV}(A)$ を次のように,A の構成について帰納的に定義する.

$$\mathrm{FV}\big(P(t_1,\ldots,t_n)\big) := \mathrm{FV}(t_1) \cup \cdots \cup \mathrm{FV}(t_n),$$
$$\mathrm{FV}\big(A \wedge B\big) := \mathrm{FV}(A) \cup \mathrm{FV}(B),$$
$$\mathrm{FV}\big(A \vee B\big) := \mathrm{FV}(A) \cup \mathrm{FV}(B),$$
$$\mathrm{FV}\big(A \supset B\big) := \mathrm{FV}(A) \cup \mathrm{FV}(B),$$
$$\mathrm{FV}\big(\neg A\big) := \mathrm{FV}(A),$$
$$\mathrm{FV}\big(\forall x.A\big) := \mathrm{FV}(A) \setminus \{x\},$$
$$\mathrm{FV}\big(\exists x.A\big) := \mathrm{FV}(A) \setminus \{x\}.$$

閉論理式とは,自由変数を持たない論理式のことをいう.閉論理式はしばしば**文**ともよばれる.

たとえば論理式 $\forall x.\forall y.\big((\forall x.P(x)) \supset Q(x,y)\big)$ は,そのすべての変数の現れが束縛されているため閉論理式である.

変数束縛子および束縛変数がある状況では,変数への代入に特別な注意が必要である[*4].

定義 4.9 (α **同値性**) 論理式 A, B が α 同値であるとは,これらが束縛変数のとりかえによって互いに移り合うことをいう.ただし,ここで新しく使う変数はとりかえを行う量化子のスコープに現れない(**フレッシュな**)ものでなければならない[*5].

上の(いささかインフォーマルな)定義よりも,ともかく例を通じて感触をつかんでほしい(例 4.11).

内側の量化子」の例である.

[*4] 以下,本書ではインフォーマルな記述を行う——これから続く定義を正確に書こうとすると,その困難がすぐさまわかるであろう.一方で,論理体系を(Coq や Agda などの)**定理証明器**や**証明支援系**として実装する場合には,本書のようにインフォーマルに「ごまかす」わけにはいかない.変数束縛と代入を数学的に正確に記述し研究するための枠組としては **de Bruijn index** や **nominal set** などがある.

[*5] 別の言い方をすると,変数のとりかえの前後で,(i) 自由な変数の現れは自由なままで,(ii) 束

92   4 述 語 論 理

記法 4.10 以下本書では，α 同値な論理式は互いに**構文論的に等しい**ものとする．
よってたとえば，

$$\forall x.P(x) \equiv \forall y.P(y)$$

がなりたつ．

例 4.11 論理式

$$(\forall x.P(x)) \supset Q(x,y), \quad (\forall y.P(y)) \supset Q(x,y) \;\; および \;\; (\forall z.P(z)) \supset Q(x,y)$$

はすべて互いに α 同値である．たとえば最初の論理式において，量化子の x とそ
れに束縛される変数 x の両方を y にとりかえれば，二つ目の論理式が得られる．

定義 4.9 の後半の，とりかえる変数のフレッシュさに関して例を見てみよう．論
理式

$$\forall x.Q(x,y) \;\; と \;\; \forall y.Q(y,y)$$

は α 同値ではない．前者から後者に移る際に束縛変数 x を y にとりかえればよ
いと考えてしまうが，変数 y はもともと $\forall x.$ のスコープの中の $Q(x,y)$ に現れて
いるためフレッシュではない．実際，後者の論理式では量化子による新たな束縛
（$Q(y,y)$ の二つ目の y の現れに対するもの）が生じてしまっている．

同様に，以下の論理式

$$\exists y.\forall x.Q(x,y) \;\; と \;\; \exists y.\forall y.Q(y,y)$$

も α 同値ではない．この場合はすべての変数 y の現れが束縛されているのは同じ
であるが，どの量化子のスコープに入っているかが変わってしまっている．

α 同値のアイデアは抽象構文木を用いるとわかりやすい：重要なのは束縛変数の
名前ではなく，名前のあらわす「束縛関係のリンク」である．図 4.1 を参照せよ．

量化子のような変数束縛子が存在する状況では，代入を不注意に行うと意図しな
い変数の「衝突」が生じてしまう．これは，プログラミング経験のある読者にとっ
ては，変数スコープにおいてなじみのある現象だろう．例として論理式 $\forall x.R(x,y)$
における y の現れに対して $f(x)$ を代入することを考えよう．後者の項 $f(x)$ に現れ
る変数 x は，前者の論理式 $\forall x.R(x,y)$ の中の変数 x とは関係がない──そもそも

縛された変数の現れは束縛されたままで，(iii) 束縛された変数の現れがどの量化子の現れのス
コープに入っているかが変わらないように，とりかえなければならない．

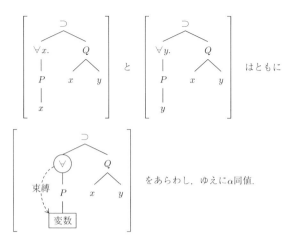

図 4.1 α 同値性.

この論理式は $\forall w.R(w,y)$ と α 同値であり，ゆえに同一視されるので，$\forall x.R(x,y)$ において x を用いる理由は特にないのである．しかしここでナイーブに代入を行って $\forall x.R(x,f(x))$ としてしまうと，出自の異なるこれら二つの x が**衝突**し，$f(x)$ の中の x が量化子 $\forall x.$ によって（望まない形で）**捕捉**され，結果として論理式の意味が変わってしまう．

このような変数の衝突を回避するためには，論理式を $\forall w.R(w,y)$ と α 同値なものに書き換えたのち，代入を行って $\forall w.R(w,f(x))$ を得ればよい．このような，束縛変数のとりかえによって変数の衝突・捕捉を回避する代入を**捕捉回避代入**とよぶ．

定義 4.12 (捕捉回避代入) $x \in \mathbf{Var}$ を変数，$t \in \mathbf{Terms}$ を項，A を論理式とする．$A[t/x]$ によって，A における x の現れに対する t の捕捉回避代入をあらわす．具体的には，

- まず，A に現れる束縛変数を t に現れないものにとりかえ，(ただし α 同値になるようにフレッシュな束縛変数でとりかえる)
- その後，A における x の**自由な**現れに対して t を代入する．

捕捉回避代入 $A[t/x]$ は x の**自由な**現れのみに代入することに注意せよ．束縛され

94   4 述 語 論 理

た x の現れは他の束縛変数にとりかえることができるため，その x という名前は
本質的でないからである．

例 4.13

$$\big(\forall x.R(x,y)\big)[f(x)/y] \equiv \big(\forall w.R(w,y)\big)[f(x)/y] \equiv \forall w.R(w, f(x)),$$

$$\big(\forall y.R(x,y)\big)[f(x)/y] \equiv \forall y.R(x,y).$$

注意 4.14 本章で扱う論理体系は，より正確には**一階述語論理**とよばれる．「一
階」は「個体の量化のみを許す」の意味である．一方，**二階述語論理**においては
述語の量化を行うこともでき，たとえば

$$\forall x.(P(x) \vee Q(x)) \supset \forall R.\forall x.\big((P(x) \supset R(x)) \supset (Q(x) \supset R(x)) \supset R(x)\big)$$

という論理式が書ける．

4.2 導 出 規 則

　述語論理の導出体系は，命題論理のそれの拡張として与えることができる．こ
こでは 3.2 節の命題 LK の拡張たる**述語 LK** を導入しよう．これはシーケント計
算の体系であるが，命題論理の場合と同じく，ヒルベルト流や自然演繹のスタイ
ルの体系を与えることも可能である．
　シーケントの定義は以前と同じである．

定義 4.15 (シーケント) **シーケント**とは述語論理式の有限列の二つ組を記号 $\Rightarrow$
で区切ったものである．すなわち，

$$A_1, \ldots, A_m \Rightarrow B_1, \ldots, B_n \tag{4.1}$$

（ただし A_i, B_j は述語論理式）がシーケントである．

定義 4.16 (述語 LK の導出規則) 述語論理の導出体系 LK における**導出規則**は

- 命題 LK の導出規則（表 3.1），および

4.2 導 出 規 則   95

- 下に示す量化子の導入規則からなる.

$$\frac{A[t/x], \Gamma \Rightarrow \Delta}{\forall x.A, \Gamma \Rightarrow \Delta} \ (\forall\text{-}左) \qquad\qquad \frac{\Gamma \Rightarrow \Delta, A}{\Gamma \Rightarrow \Delta, \forall x.A} \ (\forall\text{-}右),\ (\text{VC})$$

$$\frac{A, \Gamma \Rightarrow \Delta}{\exists x.A, \Gamma \Rightarrow \Delta} \ (\exists\text{-}左),\ (\text{VC}) \qquad\qquad \frac{\Gamma \Rightarrow \Delta, A[t/x]}{\Gamma \Rightarrow \Delta, \exists x.A} \ (\exists\text{-}右)$$

ここで t は任意の項である（自由変数を含んでいてもよい）．(VC) と記された二つの導出規則には，次の付帯条件がある：

> **固有変数条件 (Eigenvariable condition, VC)**：当該導出規則で導入される量化子の変数（つまり x）は，規則の結論となるシーケント（横線の下のシーケント）において自由な現れを持たない．言い換えると，変数 x は Γ と Δ には自由に現れない．

導出規則を用いて「機械的に」推論を行う上では，導出規則の適用の正当性が「簡単に」チェックできることが非常に重要である．「簡単に」の意味するところは，しばしば「構文論的に」ということであり，より正確には「決定可能な形で」ということであるが（決定可能性については本書の第 II 部において学ぶ），「簡単」でないかもしれない例として次の導出規則を考えよう．

$$\frac{}{\Rightarrow A} \ (A\text{ が恒真な論理式のとき}) \tag{4.2}$$

この導出規則によってすべての恒真な論理式が導出され，よって導出体系は完全になるわけだが，これは明らかに「ズル」である：論理式 A が恒真かどうかが簡単に判定できる保証はなく，むしろそれが簡単でないからこそ，われわれは構文論的な導出体系を用いて恒真性を特徴付けようとするのである．

一方で，本書でこれまで見てきた（(4.2) 以外の）導出規則はすべて，その適用の正当性を構文論的に，簡単にチェックすることができる．定義 4.16 に現れた固有変数条件 (VC) についても，これがみたされるか否かは構文論的に簡単に判定できる．

注意 4.17 固有変数条件 (VC) のついた二つの規則 ($\forall$-右) と ($\exists$-左) は，文献によっては別の流儀もある：規則の横線の上の「A」を「$A[z/x]$」とし，固有変数条件 (VC) を「変数 z は，規則の横線の下のシーケントにおいて自由な現れを持た

96   4 述 語 論 理

ない.」とするものである（たとえば文献 [14,18,19]）．一方，本書のスタイルは [8]
などに見られる．両者に本質的な違いはない．

定義 4.18 (証明木，証明可能性) 命題論理の場合（定義 3.8）とまったく同様で
ある．

例 4.19 変数 x が論理式 A に自由に現れることがないとする．以下にシーケント
$\forall x.(A \supset B) \Rightarrow A \supset \forall x.B$ の LK による証明を示す[*6]．

$$\cfrac{\cfrac{\cfrac{\overline{A \Rightarrow A}\ \text{(始)}\quad \overline{B \Rightarrow B}\ \text{(始)}}{A \supset B, A \Rightarrow B}\ \text{($\supset$-左)}}{\cfrac{\forall x.(A \supset B), A \Rightarrow B}{\cfrac{\forall x.(A \supset B), A \Rightarrow \forall x.B}{}}\ \text{($\forall$-左)}}\ \text{($\forall$-右), (VC)}}{\forall x.(A \supset B) \Rightarrow A \supset \forall x.B}\ \text{($\supset$-右)}$$

導出規則 ($\forall$-左) の適用においては，定義 4.16 の規則 ($\forall$-左) 中の項 t として変数 x を
用いた．A の中に x は自由に現れないから，x はシーケント $\forall x.(A \supset B), A \Rightarrow \forall x.B$
中にも自由に現れることがなく，ゆえに固有変数条件 (VC) がみたされている．
　一方で，下に示すものは LK の正しい証明木では**ない**．（そして結論のシーケン
トも証明可能ではない．）

$$\cfrac{\cfrac{\cfrac{\cfrac{\overline{R(x,y) \Rightarrow R(x,y)}\ \text{(始)}}{R(x,y) \Rightarrow \forall x.R(x,y)}\ \text{($\forall$-右), (VC)}}{R(x,y) \Rightarrow \exists y.\forall x.R(x,y)}\ \text{($\exists$-右)}}{\exists y.R(x,y) \Rightarrow \exists y.\forall x.R(x,y)}\ \text{($\exists$-左), (VC)}}{\forall x.\exists y.R(x,y) \Rightarrow \exists y.\forall x.R(x,y)}\ \text{($\forall$-左)} \qquad (4.3)$$

何がおかしいのだろうか？　おかしいのは ($\forall$-右) の (VC) がみたされていないこ
とである．ここでは変数 x が結論シーケントに自由に現れてはならないのに，そ
の結論シーケントの左辺の $R(x,y)$ に自由に現れている．

[*6]　このシーケントのインフォーマルな意味を考えるためには，たとえば A が「今日は天気がいい」，
B が「x は気分がいい」という意味だと考えてみればよい．「x が A に自由に現れない」とい
う構文論的な条件は，「A は x に言及しない」というふうにインフォーマルに読み替えられる．

4.3 意 味 論

等式論理や命題論理の場合とまったく同様に，まず**モデル**の概念——基本となる記号表現の「意味」を定める基本的データ——を導入したのち，モデルによって定まる基本的な記号表現の「意味」がより複雑な記号表現にどのように拡張されていくかについて見ていく．

述語論理のモデルにおいては**構造**という言葉を用いるが，この名前の由来は歴史的なものである．「一階の」は「一階述語論理のための」の意味である．

定義 4.20 ((一階の)構造) 関数記号と述語記号のシグニチャ**FnSymb** および**PdSymb** に対して，**FnSymb**, **PdSymb** 上の（一階の）**構造** $\mathbb{S}$ とは三つ組

$$\mathbb{S} = \big(U, \big(\llbracket f \rrbracket_{\mathbb{S}}\big)_{f \in \mathbf{FnSymb}}, \big(\llbracket P \rrbracket_{\mathbb{S}}\big)_{P \in \mathbf{PdSymb}}\big)$$

のことをいう．ここで

- U は空でない集合（**領域**または**ユニバース**とよばれる）；

- 各関数記号 $f \in \mathbf{FnSymb}_n$ に対して，$\llbracket f \rrbracket_{\mathbb{S}} \colon U^n \to U$ は関数であり f の**解釈**とよばれる；

- 各述語記号 $P \in \mathbf{PdSymb}_n$ に対して，$\llbracket P \rrbracket_{\mathbb{S}} \colon U^n \to \{\mathrm{tt}, \mathrm{ff}\}$ は関数であり P の**解釈**とよばれる．

定義 4.21 (付値) 構造 $\mathbb{S} = (U, \dots)$ 上の**付値**とは，関数

$$J \colon \mathbf{Var} \longrightarrow U$$

のことをいう．ここで **Var** は変数全体の集合であった（定義 4.2）．

ここまでの状況を等式論理のそれと比較すると：述語論理の意味論におけるパラメータ（構造および付値）は，等式論理のそれ（代数と付値）に加えて，述語記号の解釈 $\llbracket P \rrbracket_{\mathbb{S}}$ からなる．

定義 4.22 (意味) $\mathbb{S} = \big(U, \big(\llbracket f \rrbracket_{\mathbb{S}}\big)_{f \in \mathbf{FnSymb}}, \big(\llbracket P \rrbracket_{\mathbb{S}}\big)_{P \in \mathbf{PdSymb}}\big)$ を **FnSymb** および **PdSymb** 上の構造とし，$J \colon \mathbf{Var} \to X$ を $\mathbb{S}$ 上の付値とする．項 t に対して，その**意味**

$$\llbracket t \rrbracket_{\mathbb{S}, J} \in U$$

を下のように，t の構成に関して帰納的に定義する．

$$\llbracket x \rrbracket_{\mathbb{S},J} := J(x) \qquad x \in \mathbf{Var} \text{ のとき}$$

$$\llbracket f(t_1,\ldots,t_n) \rrbracket_{\mathbb{S},J} := \llbracket f \rrbracket_{\mathbb{S}}(\llbracket t_1 \rrbracket_{\mathbb{S},J},\ldots,\llbracket t_n \rrbracket_{\mathbb{S},J})$$

さらに，論理式 A について，その**意味**

$$\llbracket A \rrbracket_{\mathbb{S},J} \in \{\mathrm{tt},\mathrm{ff}\}$$

を下のように，A の構成に関して帰納的に定義する．

$$\llbracket P(t_1,\ldots,t_n) \rrbracket_{\mathbb{S},J} = \mathrm{tt} \quad \overset{\text{定義}}{\Longleftrightarrow} \quad \llbracket P \rrbracket_{\mathbb{S}}(\llbracket t_1 \rrbracket_{\mathbb{S},J},\ldots,\llbracket t_n \rrbracket_{\mathbb{S},J}) = \mathrm{tt}$$
$$\text{ただし } P \in \mathbf{PdSymb}_n$$

$$\llbracket A \wedge B \rrbracket_{\mathbb{S},J} = \mathrm{tt} \quad \overset{\text{定義}}{\Longleftrightarrow} \quad \llbracket A \rrbracket_{\mathbb{S},J} = \mathrm{tt} \text{ かつ } \llbracket B \rrbracket_{\mathbb{S},J} = \mathrm{tt}$$

$$\llbracket A \vee B \rrbracket_{\mathbb{S},J} = \mathrm{tt} \quad \overset{\text{定義}}{\Longleftrightarrow} \quad \llbracket A \rrbracket_{\mathbb{S},J} = \mathrm{tt} \text{ または } \llbracket B \rrbracket_{\mathbb{S},J} = \mathrm{tt}$$

$$\llbracket A \supset B \rrbracket_{\mathbb{S},J} = \mathrm{tt} \quad \overset{\text{定義}}{\Longleftrightarrow} \quad \llbracket A \rrbracket_{\mathbb{S},J} = \mathrm{ff} \text{ または } \llbracket B \rrbracket_{\mathbb{S},J} = \mathrm{tt}$$

$$\llbracket \neg A \rrbracket_{\mathbb{S},J} = \mathrm{tt} \quad \overset{\text{定義}}{\Longleftrightarrow} \quad \llbracket A \rrbracket_{\mathbb{S},J} = \mathrm{ff}$$

$$\llbracket \forall x.A \rrbracket_{\mathbb{S},J} = \mathrm{tt} \quad \overset{\text{定義}}{\Longleftrightarrow} \quad \text{任意の } u \in U \text{ について } \llbracket A \rrbracket_{\mathbb{S},J[x \mapsto u]} = \mathrm{tt}$$

$$\llbracket \exists x.A \rrbracket_{\mathbb{S},J} = \mathrm{tt} \quad \overset{\text{定義}}{\Longleftrightarrow} \quad \text{ある } u \in U \text{ について } \llbracket A \rrbracket_{\mathbb{S},J[x \mapsto u]} = \mathrm{tt}$$

1 行目の $\llbracket t_i \rrbracket_{\mathbb{S},J} \in U$ はすでに定義した項 t_i の意味である．ここでは $\llbracket P \rrbracket_{\mathbb{S}}$ が関数 $U^n \to \{\mathrm{tt},\mathrm{ff}\}$ として与えられていたことに注意せよ．最後の 2 行においては，$J[x \mapsto u]$ が付値のアップデートをあらわすことに注意されたい（定義 2.29）．

シーケントの意味は，命題論理の場合と同様，$\llbracket \Gamma \Rightarrow \Delta \rrbracket_{\mathbb{S},J} := \llbracket \bigwedge \Gamma \supset \bigvee \Delta \rrbracket_{\mathbb{S},J}$ と定義される．

定義 4.23 (恒真性) $\mathbf{FnSymb}$ および $\mathbf{PdSymb}$ 上の論理式 A が**構造** $\mathbb{S}$ のもとで**恒真**であるとは，$\mathbb{S}$ 上の任意の付値 J に対して $\llbracket A \rrbracket_{\mathbb{S},J} = \mathrm{tt}$ となることをいう．このことを $\mathbb{S} \models A$ と書く．

また，論理式 A が**恒真**であるとは，A が $\mathbf{FnSymb}$ および $\mathbf{PdSymb}$ 上の任意の構造 $\mathbb{S}$ のもとで恒真であることをいう．このことを $\models A$ と書く．

また，シーケントについては，$\mathbb{S} \models \Gamma \Rightarrow \Delta$ および $\models \Gamma \Rightarrow \Delta$ はそれぞれ $\mathbb{S} \models \bigwedge \Gamma \supset \bigvee \Delta$ および $\models \bigwedge \Gamma \supset \bigvee \Delta$ のこととして定義される．

4.3 意 味 論　　99

定義 4.24 (充足可能性) **FnSymb** および **PdSymb** 上の論理式 A が**充足可能**であるとは，ある構造 $\mathbb{S}$ と付値 J に対して $[\![A]\!]_{\mathbb{S},J} = \mathsf{tt}$ となることをいう.

論理的同値性 $\cong$ も命題論理と同様に定義される.

定義 4.25 (論理的同値性) **FnSymb** および **PdSymb** 上の論理式 A と B が**論理的同値**であるとは，次がなりたつことをいう：任意の $\mathbb{S}$ および J に対して，

$$[\![A]\!]_{\mathbb{S},J} = [\![B]\!]_{\mathbb{S},J}.$$

このことを $A \cong B$ と書く.

任意の論理式 A に対して，$A \supset A$ は恒真である．（これを示すには，$[\![A]\!]_{\mathbb{S},J}$ が tt か ff かで場合分けをすればよい.）述語論理においての $\top$ は，任意に閉論理式 A を一つ固定し，$\top \equiv A \supset A$ と定義する．そして $\bot \equiv \neg\top$ と定義する.

例 4.1 P, Q, R をそれぞれ 0 項，1 項，1 項の述語記号とする．以下の論理式を考える：

(1) $\forall x.(P \vee Q(x)) \supset P \vee (\forall x.Q(x))$

(2) $\forall x.(R(x) \vee Q(x)) \supset (\forall x.R(x)) \vee (\forall x.Q(x))$

(3) $\forall x.(P \wedge Q(x)) \supset P \wedge (\forall x.Q(x))$

(4) $\forall x.(R(x) \wedge Q(x)) \supset (\forall x.R(x)) \wedge (\forall x.Q(x))$

(5) $\big((\forall x.Q(x)) \supset P\big) \supset \exists x.\big(Q(x) \supset P\big)$

(1), (3), (4), (5) は導出可能である（LK の証明木を与えてみよ）．(2) は恒真ではない（意味が偽となる構造と付値を与えてみよ）．(1)–(5) はすべて充足可能である（意味が真となる構造と付値を与えてみよ）.　　　　　　　　　　　　　　$\triangleleft$

命題 3.23 の続きとして，次の結果を得る．これらは**ド・モルガン則**の無限版とみなすことができる.

命題 4.26 次の論理的同値性がなりたつ.

$$\neg\forall x.A \cong \exists x.\neg A \qquad \neg\exists x.A \cong \forall x.\neg A$$

100   4 述 語 論 理

(証明) 前者は以下のようにして示される.

$$\llbracket \neg \forall x.A \rrbracket_{\mathbb{S},J} = \text{tt} \iff \llbracket \forall x.A \rrbracket_{\mathbb{S},J} = \text{ff}$$
$$\iff (\llbracket \forall x.A \rrbracket_{\mathbb{S},J} = \text{tt}) \text{ でない}$$
$$\iff (\text{任意の } u \in U \text{ について } \llbracket A \rrbracket_{\mathbb{S},J[x \mapsto u]} = \text{tt}) \text{ でない}$$
$$\iff \text{ある } u \in U \text{ について } (\llbracket A \rrbracket_{\mathbb{S},J[x \mapsto u]} = \text{tt でない})$$
$$\iff \text{ある } u \in U \text{ について } \llbracket A \rrbracket_{\mathbb{S},J[x \mapsto u]} = \text{ff}$$
$$\iff \text{ある } u \in U \text{ について } \llbracket \neg A \rrbracket_{\mathbb{S},J[x \mapsto u]} = \text{tt}$$
$$\iff \llbracket \exists x.\neg A \rrbracket_{\mathbb{S},J} = \text{tt}$$

もう一方も同様である. ∎

ここで,以降の議論で用いる技術的な補題をいくつか準備しておく. 最初のものは補題 3.17 の述語論理版である.

補題 4.27 $\mathbb{S}$ を構造とし, J, J' を $\mathbb{S}$ 上の付値とし, また A を論理式とする. ここで任意の $x \in \text{FV}(A)$ に対して

$$J(x) = J'(x)$$

がなりたつと仮定する(FV(A) については定義 4.8 を参照). すると

$$\llbracket A \rrbracket_{\mathbb{S},J} = \llbracket A \rrbracket_{\mathbb{S},J'}$$

がなりたつ.

(証明) A の構成に関する帰納法による. 証明においては自由変数および束縛変数の扱いに特別な注意が必要である. 各自試みよ. 下の補題 4.28 の証明も参考にせよ. ∎

代入と付値のアップデートを関連付ける次の結果は,補題 2.30 に対応する.

補題 4.28 (代入補題) A を論理式, s, t を項, x を変数, $\mathbb{S}$ を構造, J を $\mathbb{S}$ 上の付値とする. (これらはすべて共通の **FnSymb** および **PdSymb** 上のものとする). すると次がなりたつ.

$$\llbracket s[t/x] \rrbracket_{\mathbb{S},J} = \llbracket s \rrbracket_{\mathbb{S},J[x \mapsto \llbracket t \rrbracket_{\mathbb{S},J}]} \text{ および } \llbracket A[t/x] \rrbracket_{\mathbb{S},J} = \llbracket A \rrbracket_{\mathbb{S},J[x \mapsto \llbracket t \rrbracket_{\mathbb{S},J}]}$$

(証明) 項 s および論理式 A の構成に関する帰納法による．ここでは最も注意を必要とする場合の一つ，すなわち A が全称量化論理式である場合のみについて証明を述べる．

束縛変数を適宜書き換えることにより（すなわち，α 同値な論理式に変形することにより）次を仮定してよい：論理式 A は

$$A \equiv \forall y.B$$

の形をしており，ここで y は

$$y \not\equiv x \ \text{かつ} \ y \notin \mathrm{FV}(t) \tag{4.4}$$

をみたす変数である．このとき，

$$[\![(\forall y.B)[t/x]]\!]_{\mathrm{S},J} = \mathrm{tt}$$

$\Longleftrightarrow \quad [\![\forall y.(B[t/x])]\!]_{\mathrm{S},J} = \mathrm{tt}$

$\qquad$（捕捉回避代入の定義および (4.4) より）

$\Longleftrightarrow \quad$ 任意の $u \in U$ について $[\![B[t/x]]\!]_{\mathrm{S},J[y\mapsto u]} = \mathrm{tt}$

$\Longleftrightarrow \quad$ 任意の $u \in U$ について $[\![B]\!]_{\mathrm{S},(J[y\mapsto u])[x\mapsto[\![t]\!]_{\mathrm{S},J[y\mapsto u]}]} = \mathrm{tt}$

$\qquad$（帰納法の仮定から．B は A よりも「小さい」ことに注意）

$\Longleftrightarrow \quad$ 任意の $u \in U$ について $[\![B]\!]_{\mathrm{S},(J[y\mapsto u])[x\mapsto[\![t]\!]_{\mathrm{S},J}]} = \mathrm{tt}$

$\qquad$（(4.4) の $y \notin \mathrm{FV}(t)$，および補題 4.27 から）

$\Longleftrightarrow \quad$ 任意の $u \in U$ について $[\![B]\!]_{\mathrm{S},(J[x\mapsto[\![t]\!]_{\mathrm{S},J}])[y\mapsto u]} = \mathrm{tt}$

$\qquad$（(4.4) の $x \not\equiv y$ から）

$\Longleftrightarrow \quad [\![\forall y.B]\!]_{\mathrm{S},J[x\mapsto[\![t]\!]_{\mathrm{S},J}]} = \mathrm{tt}$

ゆえに $[\![(\forall y.B)[t/x]]\!]_{\mathrm{S},J} = [\![\forall y.B]\!]_{\mathrm{S},J[x\mapsto[\![t]\!]_{\mathrm{S},J}]}$ がなりたつ．帰納法の場合分けの他のものについては各自試みよ．　∎

4.4　構文論 vs. 意味論

定理 4.29 (健全性) $\vdash \Gamma \Rightarrow \Delta$ ならば $\models \Gamma \Rightarrow \Delta$.

(証明) 健全性の証明はここでも証明木の構成に関する帰納法により，命題論理の場合とおおむね同じである．ここでは帰納法の場合分けのうちの二つ，導出規則 (∀-右) と (∀-左) の場合のみを示す．(∃ の規則の場合も同様である．)

まず (∀-右) の場合：

$$\frac{\Gamma \Rightarrow \Delta, A}{\Gamma \Rightarrow \Delta, \forall x.A} \ (\forall\text{-}右), \ (\text{VC})$$

$\mathbb{S}$ を任意の構造，J を $\mathbb{S}$ 上の任意の付値とし，$[\![\Gamma \Rightarrow \Delta, \forall x.A]\!]_{\mathbb{S},J} = \mathrm{tt}$ を示すことが目標である．

$$[\![\textstyle\bigwedge \Gamma]\!]_{\mathbb{S},J} = \mathrm{tt} \ \text{かつ} \ [\![\textstyle\bigvee \Delta]\!]_{\mathbb{S},J} = \mathrm{ff} \tag{4.5}$$

であると仮定する：そうでない場合は目標は明らかになりたつ．このとき，目標を示すためには $[\![\forall x.A]\!]_{\mathbb{S},J} = \mathrm{tt}$，すなわち

$$\text{任意の } u \in U \text{ について} \ \ [\![A]\!]_{\mathbb{S},J[x \mapsto u]} = \mathrm{tt} \tag{4.6}$$

を示せばよい．

帰納法の仮定 $\models \Gamma \Rightarrow \Delta, A$ から

$$[\![\Gamma \Rightarrow \Delta, A]\!]_{\mathbb{S},J[x \mapsto u]} = \mathrm{tt} \tag{4.7}$$

がいえる．(VC) により変数 x は Γ と Δ に自由に現れないので，上の仮定 (4.5) と補題 4.27 から，

$$[\![\textstyle\bigwedge \Gamma]\!]_{\mathbb{S},J[x \mapsto u]} = \mathrm{tt} \ \text{かつ} \ [\![\textstyle\bigvee \Delta]\!]_{\mathbb{S},J[x \mapsto u]} = \mathrm{ff} \tag{4.8}$$

を得る．したがって (4.7) と (4.8) から

$$[\![A]\!]_{\mathbb{S},J[x \mapsto u]} = \mathrm{tt}$$

が示された．以上によって (∀-右) の場合が示された．

次に (∀-左) の場合：

$$\frac{A[t/x], \Gamma \Rightarrow \Delta}{\forall x.A, \Gamma \Rightarrow \Delta} \ (\forall\text{-}左)$$

先の場合と同様，$\mathbb{S}$ を任意の構造，J を $\mathbb{S}$ 上の任意の付値とし，$[\![\forall x.A, \Gamma \Rightarrow \Delta]\!]_{\mathbb{S},J} = \mathrm{tt}$ を示すことが目標であり，そして

$$[\![\textstyle\bigwedge \Gamma]\!]_{\mathbb{S},J} = \mathrm{tt} \ \text{かつ} \ [\![\textstyle\bigvee \Delta]\!]_{\mathbb{S},J} = \mathrm{ff} \tag{4.9}$$

と仮定してよい．このとき，目標を示すためには $[\![\forall x.A]\!]_{\mathbb{S},J} = \mathrm{ff}$，すなわち

$$\text{ある } u \in U \text{ について } [\![A]\!]_{\mathbb{S},J[x \mapsto u]} = \mathrm{ff} \tag{4.10}$$

を示せばよい．

帰納法の仮定 $\models A[t/x], \Gamma \Rightarrow \Delta$ から

$$[\![A[t/x], \Gamma \Rightarrow \Delta]\!]_{\mathbb{S},J} = \mathrm{tt}$$

がいえる．これと上の仮定 (4.9) から $[\![A[t/x]]\!]_{\mathbb{S},J} = \mathrm{ff}$ がいえるが，補題 4.28 より，

$$[\![A]\!]_{\mathbb{S},J[x \mapsto [\![t]\!]_J]} = [\![A[t/x]]\!]_{\mathbb{S},J} = \mathrm{ff}$$

となるので，$u = [\![t]\!]_J$ として目標 (4.10) を示すことができた．以上によって健全性証明の (∀-左) の場合が示された．　■

定理 4.30 (完全性) $\models \Gamma \Rightarrow \Delta$ ならば $\vdash \Gamma \Rightarrow \Delta$．特に，任意の論理式 A について，$\models A$ ならば $\vdash A$．

(証明) 証明の方針は命題論理の場合と同じである：すなわち，証明不可能なシーケントに対して，構文論的材料を使って反例モデルを構成するのである．述語論理の場合の構成は込み入っており，本書ではくわしくは述べない．興味のある読者は文献 [6, 10, 11] などを参照せよ．　■

　述語論理の完全性は Gödel によってはじめて示された（**Gödel の完全性定理**）．
　ところで，以上に述べた述語論理の完全性は，よく知られた **Gödel の不完全性定理**とどのように関連するのだろうか――二つの定理の名前は一見矛盾するようにも思える．違いは二つの「完全」の意味するところにある：定理 4.30 において示されたことは，

　　　任意のモデル（すなわち構造）において恒真である論理式は，述語 LK
　　　という導出体系において導出可能

である一方，不完全性定理の内容を（非常に大ざっぱに！）述べると*7，不完全

---

*7　改めて 9.2 節で同じ話を正確にする．（ここでは要点のみを述べており，5.2 節で扱う理論という概念や『(4.2) のような「ズル」をどう適切に禁止するか』という論点などが説明されていない．)

性定理は自然数を議論する場合（**FnSymb** と **PdSymb** が $+, \times, =, <$ などを持つ場合）の話で，そして

> 自然数の集合 $\mathbb{N}$ という**特定の**モデルにおいて恒真である論理式をすべて導出可能とするような導出体系は存在しない

となる．

$$\vdash A \quad \underset{\text{完全性}}{\overset{\text{健全性}}{\rightleftarrows}} \quad \models A \quad \underset{\times}{\overset{\text{明らか}}{\rightleftarrows}} \quad \mathbb{N} \models A$$

Gödel の二つの定理から次が明らかに結論できる：算術の言語に対しては（$\mathbb{N}$ 以外の）**超準構造**が存在して，ここでは，標準構造 $\mathbb{N}$ で真であるいくつかの論理式が偽になる．これらのことがらについて扱った論理学の教科書は多数あるが，たとえば文献 [6, 24] などがそうである．

もう一つ重要な注意として次をあげる：不完全性定理における「完全」の意味は，通常，より構文論的に「任意の閉論理式 A について $\vdash A$ または $\vdash \neg A$」と定義される．本書は意味論を重視する立場からの説明の容易さのために，本文のような不完全性の定式化を行った．

5 命題論理および述語論理の諸性質

本章では引き続き，命題論理および述語論理のいくつかの性質を述べる．これまでの健全性・完全性定理もそうであるが，これらの「定理」は，オブジェクトレベルの「定理」——すなわち，⊢ A となる論理式 A はしばしば**定理**とよばれ，LK 証明木がその**証明**となるのであった——と区別するために，しばしば**メタ定理**とよばれる．

5.1 カット除去

LK の証明の例を行ってみればわかるように，導出規則は実際にはしばしば「下から上へ」用いられる：与えられた論理式やシーケントからスタートして，証明木を下から上に構成していくのである．この手続は証明「**探索**」とも考えられる．

このような使われ方を考えると，表 3.1 の導出規則のうち (カット) 規則の特殊性が浮かび上がる．

$$\frac{\Gamma \Rightarrow \Delta, A \quad A, \Pi \Rightarrow \Sigma}{\Gamma, \Pi \Rightarrow \Delta, \Sigma} \ (\text{カット})$$

(カット) 規則においては，結論となるシーケント $\Gamma, \Pi \Rightarrow \Delta, \Sigma$ が与えられたとしても，仮定として横線の上に現れる論理式 A——カットによって消滅するので**カット論理式**とよばれる——として何をとればいいのかわれわれにはまったくわからない．一方，他の導出規則においてはそうではない：横線の上に現れる論理式は必ず，下に現れる論理式のいずれかの部分論理式になるのである．導出体系の後者のような性質は**部分論理式特性**とよばれ，証明探索において非常に有益な性質である．すなわち，(カット) 規則のせいで LK においては部分論理式特性がなりたたないのである．

しかし実は次の定理がなりたつ．これは Gentzen によってはじめて示された．

定理 5.1 (カット除去) （命題および述語）LK はカット除去を許す．すなわち，任意の証明可能なシーケントは，(カット) 規則を用いない証明木を持つ．

– 105 –

(証明) （カットを持つ）LK の証明木を，カットのない LK の証明木に変換する構文論的な手続きが知られている．くわしくは文献 [10,18] などを見よ． ■

表面的なレベルでは，上記の定理は「すべての証明木は（カットがないという）標準形に変形できる」ということを主張している．またここで，上記の定理 5.1 は（証明木というオブジェクトレベルの実体に関する）**メタ**定理であることを再度強調しておく．カット除去は**証明論**という数理論理学の一分野——これは「証明」を数学的対象として解析し研究する（メタ）数学である——の中心的トピックである．

注意 5.2 カット除去は自然演繹スタイルの体系に対しても示すことができ，この場合しばしば**証明の正規化**とよばれる．さらにカリー–ハワード対応によって，カット除去は λ 項の β **簡約**に対応する[*1]．興味のある読者は文献 [2,8] を参照せよ．

5.2 理論とコンパクト性

「有限と無限のせめぎあい」の問題は理論計算機科学の中心にある．すなわち，理論計算機科学では

- （停止しないかもしれない計算機の振る舞い，などの）無限の対象を，

- （有限長の文字列であるプログラム，などの）有限の記号表現で

表現し，解析しようというのである．あらゆる有限の記号表現の体系はその表現能力の限界を持ち，（論理式および証明木が有限サイズの記号表現であるところの）述語論理もその例外ではない．本節では，このような述語論理の表現能力の限界を例示するため，述語論理（および命題論理）に対して**コンパクト性**とよばれる性質を証明する．

以下，定義および定理を，命題論理と述語論理の双方に対して同時に述べていく．

定義 5.3 (理論) 理論 Φ とは，

- 命題論理においては，論理式の集合 $\Phi \subseteq \mathbf{Fml}$

[*1] まさにこの β 簡約という機構により，λ 項は λ 計算とよばれる計算モデルをなし，そして関数型プログラミング言語のコア言語ともなる [23]．

- 述語論理においては，閉論理式の集合 Φ[*2]

のことをいう．

理論 Φ に属する論理式 $A \in \Phi$ を（Φ の）**非論理公理**，または単に**公理**とよぶ[*3]．

この（オブジェクトレベルの）「理論」の概念は，第 2 章における公理の集合 E に似ている．

述語論理における理論 Φ の元を，閉論理式に限っていることに注意せよ．閉じていない論理式を非論理公理としたい場合は，次のような全称閉包をとってこれを Φ に加えることが一般的である．

定義 5.4 (全称閉包) 述語論理において，B を $\mathrm{FV}(B) = \{x_1, \ldots, x_n\}$ であるような論理式とする．このとき，論理式 $\forall x_1. \cdots \forall x_n. B$ を B の**全称閉包**とよぶ．

次がなりたつことは簡単に示される：

$$B \text{ が恒真} \iff \forall x_1. \cdots \forall x_n. B \text{ が恒真}.$$

全称閉包は確かに閉論理式になっていることに注意せよ．

定義 5.5 (理論のもとでの証明可能性) シーケント $\Gamma \Rightarrow \Delta$ が理論 Φ のもとで証明可能であるとは，LK に次の規則を加えた場合にシーケント $\Gamma \Rightarrow \Delta$ が証明木を持つことをいう．

$$\frac{}{\Rightarrow B} \text{ (公理)}, \ B \in \Phi$$

シーケント $\Gamma \Rightarrow \Delta$ が Φ のもとで証明可能であるということを，$\Phi \vdash \Gamma \Rightarrow \Delta$ と書きあらわす．

次の結果は伝統的に**演繹定理** (deduction theorem) とよばれる．

補題 5.6 (演繹定理) $\Phi \vdash \Gamma \Rightarrow \Delta$ がなりたつことと，

ある有限個の論理式 $A_1, \ldots, A_n \in \Phi$ が存在して $\vdash A_1, \ldots, A_n, \Gamma \Rightarrow \Delta$ がなりたつ

[*2] 述語論理の場合，より正確には次のようになる：アルファベット **FnSymb** および **PdSymb** 上の理論とは，**FnSymb** および **PdSymb** 上の論理式の集合のことをいう．

[*3] 非論理公理に対比し，LK の (始) 規則によって導入されるシーケント $A \Rightarrow A$ を**論理公理**とよぶ．

108   5 命題論理および述語論理の諸性質

ことは同値である.

(証明) まず右から左の含意を示そう. Π をシーケント $A_1, \ldots, A_n, \Gamma \Rightarrow \Delta$ の LK
における証明木とする (ここでは非論理公理は用いられないことに注意せよ). す
ると, Π の結論の左辺から $A_1, \ldots, A_n$ を一つずつ除いていくような次の証明木は
理論 Φ のもとでの証明木になる.

$$
\cfrac{
  \cfrac{}{\Rightarrow A_n}\text{(公理)} \qquad
  \cfrac{
    \cfrac{
      \cfrac{}{\Rightarrow A_1}\text{(公理)} \qquad
      \cfrac{\vdots \;\Pi}{A_1, A_2, \ldots, A_n, \Gamma \Rightarrow \Delta}
    }{A_2, \ldots, A_n, \Gamma \Rightarrow \Delta}\text{(カット)}
    \;\; \vdots \;\;
    {A_n, \Gamma \Rightarrow \Delta}
  }{\Gamma \Rightarrow \Delta}\text{(カット)}
}{}
$$

ゆえに $\Phi \vdash \Gamma \Rightarrow \Delta$ がなりたつ.

　次に, 左から右の含意を示す. Π_1 をシーケント $\Gamma \Rightarrow \Delta$ の理論 Φ のもとでの証
明木とする. この証明木に対して次の操作を適用し, 証明木 Π_2 を得る. 図 5.1 を
参照せよ.

- Π_1 に現れるシーケントのそれぞれに対して[*4], 左辺に論理式 $A_1, \ldots, A_n$ を
  加える.

- Π_1 の (公理) 規則による頂点 (証明木の葉である) のそれぞれを, (始) 規
  則と (弱化-左) 規則の適切な組み合わせにとりかえる.

こうして得られた証明木 Π_2 は (公理) 規則をまったく用いない LK の証明木であ
る——Π_1 における規則の適用は, 左辺に論理式 $A_1, \ldots, A_n$ を加えることによっ
て妨害されることがなく, Π_2 においても同じ規則の適用になることに注意せよ.
以上によって $\vdash A_1, \ldots, A_n, \Gamma \Rightarrow \Delta$ が示された. ∎

以上の証明においては次の事実が本質的である:$\Phi \vdash \Gamma \Rightarrow \Delta$ となるシーケント
$\Gamma \Rightarrow \Delta$ を固定すると, その証明に用いる非論理公理は高々有限個しかない.

　定義によると, 理論 Φ としては (閉) 論理式からなる任意の集合がとれる——Φ
は A と $\neg A$ を両方とも含んでいるかもしれない!

[*4] より正確にいうと:木 Π_1 の頂点それぞれについて, その頂点に書かれたシーケントに対して.

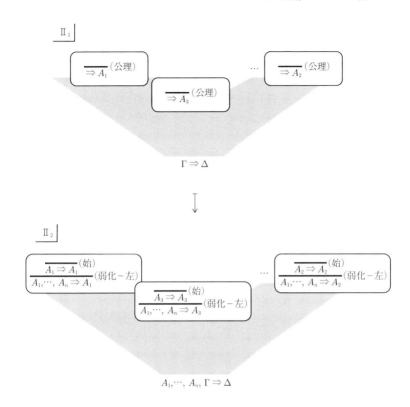

図 5.1 演繹定理の証明.

定義 5.7 (無矛盾性) 理論 Φ が**無矛盾**であるとは，$\Phi \not\vdash \Rightarrow$ であることをいう．無矛盾でない理論を**矛盾している**という．

両辺が空のシーケント $\Rightarrow$ は「偽」をあらわすのであった（補題 3.12 を参考にせよ）．このシーケント $\Rightarrow$ からは，(弱化-右) 規則を用いて任意の論理式 A を導出することができる．すなわち：矛盾している理論とは，そのもとで任意の論理式を証明できる理論である．

補題 5.8 (1) Φ が無矛盾であることと次は同値である：理論 Φ の任意の有限部分集合 Φ' が無矛盾．

(2) 命題論理において，Φ が無矛盾であることと，対 $(\Phi, \emptyset)$ が無矛盾対（定義

110   5 命題論理および述語論理の諸性質

3.29）であることは同値である.

(証明) (1) 補題 5.6 から簡単に示される.

(2)

$(\Phi, \emptyset)$ が無矛盾対

$\iff \forall \Phi' \subseteq_{\text{有限}} \Phi. \not\vdash \Phi' \Rightarrow$ （無矛盾対の定義より）

$\iff \forall \Phi' \subseteq_{\text{有限}} \Phi. \Phi' \not\vdash \Rightarrow$ （補題 5.6 より）

$\iff \forall \Phi' \subseteq_{\text{有限}} \Phi. \Phi'$ は無矛盾

$\iff \Phi$ は無矛盾 （(1) より）.

■

無矛盾性は構文論的な概念であることを強調しておく. これに対応する意味論的概念は**充足可能性**である.

定義 5.9 (理論の充足可能性) 命題論理において理論 Φ が**充足可能**であるとは,

$$[\![A]\!]_J = \text{tt}$$

が任意の $A \in \Phi$ に対してなりたつような, 付値 J が存在することをいう.

述語論理において理論 Φ が**充足可能**であるとは,

$$[\![A]\!]_{\mathbb{S},J} = \text{tt}$$

が任意の $A \in \Phi$ に対してなりたつような, 構造 $\mathbb{S}$ および付値 J が存在することをいう.

以下,（構文論的概念である）無矛盾性と（意味論的概念である）充足可能性が同値になることを示す. まず簡単な方向から示そう. この証明は本質的に LK の健全性による.

補題 5.10 理論 Φ が充足可能なら, Φ は無矛盾である.

5.2 理論とコンパクト性 111

(証明) 結論の否定を仮定し，矛盾を導く[*5]．Φ が矛盾している（すなわち $\Phi \vdash \Rightarrow$）と仮定すると，補題 5.6 によって $\vdash A_1, \ldots, A_n \Rightarrow$ となるような $A_1, \ldots, A_n \in \Phi$ が存在する．

すると LK の健全性により論理式 $A_1 \wedge \cdots \wedge A_n \supset \bot$ は恒真となる（補題 3.12 および記法 3.5 を参照）．この論理式は

$$\neg(A_1 \wedge \cdots \wedge A_n), \quad \text{さらに} \quad \neg A_1 \vee \cdots \vee \neg A_n$$

と論理的同値であり，ゆえに Φ の充足可能性に矛盾． ■

もう一つの方向が次の結果である．

定理 5.11 (強完全性) 理論 Φ が無矛盾ならば，充足可能である．

(証明) 命題論理の場合は，完全性（定理 3.28）と同様に証明を行うことができる．以下にその概略を述べる．

無矛盾な理論 Φ に対して，補題 5.8 (2) において $(\Phi, \emptyset)$ が無矛盾対になることを示した．これに補題 3.31 を適用して極大無矛盾対 (U', V') を得たのち，さらに補題 3.35 から付値 J を得る．この付値 J は U' の論理式すべてを真にするため，特に $\Phi \subseteq U'$ の論理式をすべて真にする．

述語論理の場合も，強完全性の証明は完全性の証明と同様に行うことができる．本書では略す． ■

定理 5.11 は完全性を系として導くため[*6]，この定理を強完全性とよぶ．

以下，この節の本題であるコンパクト性について述べる．その主張するところは，充足可能性——これは補題 5.10 および定理 5.11 より無矛盾性と同じである——が「有限的に判定される」性質である，ということである．

定理 5.12 (コンパクト性) 理論 Φ に対して，次は同値．

(1) Φ の任意の有限部分集合 Φ' は充足可能である．

[*5] ここでの「矛盾」はメタレベル——すなわち本文の日本語による議論のレベル——における矛盾である．一方，「Φ が矛盾している」といった場合の「矛盾」は，オブジェクトレベルの数学的概念であり，定義 5.7 において定義された概念である．これら二つの「矛盾」の区別に注意されたい．

[*6] 完全性が導かれることの証明はむずかしくない．各自試みよ．

(2) Φ は充足可能である.

(証明) 補題 5.10,定理 5.11,および補題 5.8 (1) からただちに示される.各自試みよ. ∎

定理 5.12 は(充足可能性という)意味論的概念に関する結果であり,LK という特定の導出体系に言及しないことに注意されたい.本書ではその証明のため LK の健全性と強完全性を経由したが,そうでない ultrafilter を用いた証明も可能である.

5.3 構造のクラスの公理化可能性:コンパクト性の帰結として

ここでは前節で示したコンパクト性定理を用いて,記号表現の体系としての述語論理の表現能力の限界を例示する.具体的には,整列集合の概念が(一階の)述語論理では表現できないことを示す.整列集合はこのような例として一般的であり,たとえば教科書[19] の 2.7 節で用いられている.

5.3.1 整列集合

定義 5.13 整列集合とは,順序集合 $(X, \leq)$ であって次の条件をみたすものをいう.

$$X \text{ の任意の部分集合 } X' \subseteq X \text{ は最小元を持つ.}$$

自然数全体の集合 $\mathbb{N}$ は整列集合の例である.整列集合で**ない**ものの例は

- $\mathbb{Z}$(部分集合 $\{-1, -2, -3, \ldots\}$ を考えよ)や

- $\mathbb{R}$(部分集合 $\{x \in \mathbb{R} \mid 0 < x\}$ を考えよ)

などがある.

次の補題の証明はむずかしくない.各自試みよ.

補題 5.14 順序集合 $(X, \leq)$ が**全順序集合**である,すなわち

任意の $x, y \in X$ に対して,$x \leq y$ または $y \leq x$ の少なくとも一つがなりたつ

と仮定する．すると次の二つは同値．

(1) $(X, \leq)$ は整列集合である．

(2) $(X, \leq)$ は**無限下降列** $x_0 > x_1 > x_2 > \cdots$ を持たない． ∎

以下，補題 5.14 (2) の特徴付けを用いる．特に本節の残りでは，整列集合として全順序集合であるもののみを考え，これらを単に整列集合とよぶことにする．

5.3.2 モ デ ル

定義 5.15 本節の残りでは，述語論理に関するこれまでの定義を少し変更し，次を仮定することにする．

- 述語記号のアルファベット **PdSymb** は特別な 2 項述語記号 $=$ を必ず含み，

- 任意の構造 $\mathbb{S}$ において，その解釈 $[\![=]\!]_{\mathbb{S}}$ は実際の等号に固定されているものとする．すなわち，

$$[\![=]\!]_{\mathbb{S}} = \big\{(u, u) \mid u \in U\big\}$$

が任意の構造 $\mathbb{S}$ においてなりたつものとする．

以下，アルファベットを次のように定めよう．「WO」は「well-order（整列集合）」の略である．

$$\mathbf{FnSymb}_{\mathrm{WO}} = \{c_0, c_1, c_2, \ldots\} \qquad \mathbf{PdSymb}_{\mathrm{WO}} = \{R, =\}. \qquad (5.1)$$

ここで各 c_i は 0 項関数記号（すなわち定数記号）であり，R と $=$ はともに 2 項述語記号とする．このような $\mathbf{FnSymb}_{\mathrm{WO}}$ および $\mathbf{PdSymb}_{\mathrm{WO}}$ の上の構造

$$\mathbb{S} = \big(U, ([\![f]\!]_{\mathbb{S}})_{f \in \mathbf{FnSymb}_{\mathrm{WO}}}, ([\![P]\!]_{\mathbb{S}})_{P \in \mathbf{PdSymb}_{\mathrm{WO}}}\big)$$

は特に，領域 U 上の二項関係

$$[\![R]\!]_{\mathbb{S}} \subseteq U \times U \qquad (5.2)$$

を定める．

ここで次の述語論理式は，この二項関係 $[\![R]\!]_{\mathbb{S}}$ が全順序であることを表現する．

$$A_1 :\equiv \forall x. R(x, x)$$

114   5   命題論理および述語論理の諸性質

$$A_2 :\equiv \forall x. \forall y. \big(R(x,y) \land R(y,x) \supset x = y\big)$$
$$A_3 :\equiv \forall x. \forall y. \forall z. \big(R(x,y) \land R(y,z) \supset R(x,z)\big)$$
$$A_4 :\equiv \forall x. \forall y. \big(R(x,y) \lor R(y,x)\big)$$

これらを集めて理論 Φ_{TO} としよう. すなわち

$$\Phi_{\mathrm{TO}} := \{A_1, A_2, A_3, A_4\}. \tag{5.3}$$

定義 5.16 (モデル) Φ を理論とする. 理論 Φ の**モデル**とは, 構造 $\mathbb{S}$ であって[*7],
任意の $A \in \Phi$ に対して

$$\mathbb{S} \models A$$

となるもののことをいう.

$\mathbb{S}$ が Φ のモデルであることを $\mathbb{S} \models \Phi$ と書く. また, 理論 Φ のモデル全体の集合を $\mathrm{Mod}(\Phi)$ と書きあらわす.

すなわち, モデルとはすべての非論理公理を恒真にするような構造のことである. 等式論理 (第 2 章) との関連でいうと：モデルと構造の関係は, (Σ, E) 代数と Σ 代数の関係と同じである.

補題 5.17 $\mathbb{S}$ を $\mathbf{FnSymb}_{\mathrm{WO}}$ および $\mathbf{PdSymb}_{\mathrm{WO}}$ 上の構造とし, Φ_{TO} を (5.3)
の理論とするとき, 次は同値である.

(1) $\mathbb{S}$ は Φ_{TO} のモデルである.

(2) 関係 $[\![R]\!]_{\mathbb{S}} \subseteq U \times U$ ((5.2) を参照せよ) は全順序である.

上記の補題によって,

全順序集合全体のクラスは (一階) 述語論理の理論によって特徴付けることができる[*8]

ことが示された. すなわち, よりインフォーマルにいうと

[*7] より正確には次のようになる：Φ が $\mathbf{FnSymb}$ および $\mathbf{PdSymb}$ 上の理論であるとき, 同じアルファベット $\mathbf{FnSymb}$ および $\mathbf{PdSymb}$ 上の構造 $\mathbb{S}$ であって, $\cdots$

[*8] ここでの「クラス」という言葉は「集まり」という意味である.「全順序集合全体の集合」といいたくなるところだが, それは「集合全体の集合」が禁止される (カントールの逆理) のと同様, 禁止される.

5.3　構造のクラスの公理化可能性：コンパクト性の帰結として　　115

　　（一階）述語論理は全順序集合の概念を表現するために十分な表現能
　　力を持つ

ことを示したのである.

5.3.3　構造のクラスの公理化可能性

　$\mathrm{Mod}(\Phi)$ がちょうど整列集合全体のクラスと一致するような理論 Φ は存在しな
い. 以下このことを示す.

定義 5.18 (公理化可能性) アルファベット **FnSymb** および **PdSymb** を固定す
る. **FnSymb** および **PdSymb** 上の構造のクラス[*9] $\mathcal{A}$ が**公理化可能**であるとは,
同じアルファベット上の理論 Φ が存在して

$$\mathcal{A} = \mathrm{Mod}(\Phi)$$

となることをいう.

定理 5.19 アルファベット **FnSymb**$_{\mathrm{WO}}$ および **PdSymb**$_{\mathrm{WO}}$ のもとで, 整列集
合全体のクラスは公理化可能ではない.

この定理の証明には, 述語論理のコンパクト性（定理 5.12）を用いる.

(証明) 公理化可能だと仮定して矛盾を導く. 任意の構造 $\mathbb{S}$ に対して次がなりた
つような理論 Φ が存在すると仮定しよう.

$$\mathbb{S} \models \Phi \iff \mathbb{S} \text{ は整列集合}$$

（後者は正確には「$(U, [\![R]\!]_{\mathbb{S}})$ が整列集合」を意味する.）
　ここで各自然数 $n \in \mathbb{N}$ に対して, 次の論理式を考えよう.

$$B_n :\equiv R(c_{n+1}, c_n) \wedge \neg R(c_n, c_{n+1}).$$

これは「$c_{n+1} < c_n$」を表現している. さらに, 理論

$$\Phi' := \Phi \cup \{B_n \mid n \in \mathbb{N}\}$$

---

*9　すなわち, $\mathcal{A}$ の各元は構造である.

を考える.

　この理論 Φ' は充足可能であってはならない：理論 Φ は無限下降列がないことを要請している一方（補題 5.14 を参照せよ），論理式 $B_0, B_1, \ldots$ がすべて真であるとすると無限下降列

$$[\![c_0]\!]_{\mathbb{S}} > [\![c_1]\!]_{\mathbb{S}} > [\![c_2]\!]_{\mathbb{S}} > \cdots$$

が順序集合 $(U, [\![R]\!]_{\mathbb{S}})$ において存在し，矛盾してしまう.

　ここで Φ'' を任意の Φ' の有限部分集合とし，理論 Φ'' が充足可能であることを示す. Φ'' は有限集合なので，特に B_n を有限個しか含まない. そのうち添字が最大のものを B_N としよう. 理論 Φ'' が充足可能であるためには，より大きな理論

$$\Phi \cup \{B_0, \ldots, B_N\}$$

が充足可能であれば十分である. 後者は次の構造 $\mathbb{S}_N$ によって充足される：構造 $\mathbb{S}_N$ の領域は集合

$$\{0, 1, \ldots, N+1\}$$

であり，定数記号 $c_0, c_1, \ldots$ の解釈は

$$[\![c_i]\!]_{\mathbb{S}_N} = \begin{cases} N + 1 - i & i \in \{0, 1, \ldots, N\} \text{ のとき} \\ 0 & \text{それ以外} \end{cases}$$

で与えられ，さらに R の解釈 $[\![R]\!]_{\mathbb{S}_N}$ は自然数の（普通の）大小関係 $<$ である. すると $\mathbb{S}_N$ は有限集合であるから特に整列集合であり，ゆえに Φ のモデルである. 加えて，$\mathbb{S}_N$ は公理 $B_0, \ldots, B_N$ をすべてみたす.

　以上により，Φ' の任意の有限部分集合が充足可能であることが示された. よってコンパクト性（定理 5.12）により Φ' は充足可能でなければならないが，これは前々段落に矛盾する. ∎

第II部

計算可能性

本書の第 II 部における中心的質問は

「機械」にできることは何か？

という単純なものである．この質問――「機械」の数学的定義は？　「機械」に実行可能なタスクとは？　逆に，「機械」に実行不可能なタスクとは？――をわれわれは**数学的に正当で正確なやり方**で取り扱う．その中で明らかになる重要なポイントを二つ挙げる．

- 「機械」に実行不可能なタスクが**実際に存在する**．しかもわれわれは，このタスクが実行不可能であることを**数学的に証明できる**．

- 複数の自然な「機械」の定義――チューリングマシン，λ 計算，帰納的関数，while プログラム，など――はすべて等価になる．

本書では，「機械」の概念の定義として次の二つを用いる：

- **帰納的関数**[*1]．この定義は数学的な取り扱いが便利である．

- **while プログラム**．こちらの定義は現代の（いささかのプログラミングの経験がある）読者にとって，より直観的でわかりやすいだろう．

前者はより**抽象的**な「機械」の表現であり，後者はより**具体的**かつ（その動作の一つひとつがより想像しやすい，という意味で）**操作的**な表現である．以下本書では，この二つの定義・表現の間を往き来しながら議論を進めていく[*2]．
　以下ではまた，次の二つのテクニックを本質的に用いる．この二つは理論計算機科学の多くの分野で大きな役割を果たす，重要なテクニックである．

- 記号列を一つの自然数にエンコードするための **Gödel 数**

- **対角線論法**

[*1]　しばしば μ **再帰関数**または単純に**計算可能関数**とよばれる．近年では計算可能関数とよばれることが増えてきた．文献 [7] を参照せよ．

[*2]　計算可能性についての教科書は数多くあり，それらにおいても本書と同様，「機械」の定義として抽象的なものと具体的なものの二つを用いることが多い．多くの教科書では後者としてチューリングマシンが用いられる．

二つ目の対角線論法は「否定的な自己言及」とよぶべきものであり，**嘘つきのパラドクス**（「私の言っていることは嘘である」）がそのプロトタイプである．

第 II 部のそして本書の最後の章では，不完全性定理を扱う．数学の基礎や形式論理学の根源的な問いに答えるこの定理の定式化のためにも「計算可能」という概念を数学的に定義する必要があった．このことは「計算する」ということがいかに人間の思考の重要な一要素であるかを示している．

6 帰納的関数

ここでは本書における「機械」の数学的定義の一つ目，すなわち帰納的関数の概念を導入する．同時に原始帰納的関数の概念も定義するが，これらの間にはおおまかに，

$$\text{帰納的関数} = \begin{pmatrix} \text{原始帰納的関数} \\ +\,(\text{有界でない})\,\mu\,\text{演算子} \end{pmatrix}$$

という関係がある．

6.1 原始帰納的関数

6.1.1 定　　義

原始帰納的関数は帰納的関数のサブクラスである——すなわち，任意の原始帰納的関数は帰納的関数である．ごく大ざっぱにいうと，原始帰納的関数は

- for ループを使ってもよいが，

- while ループを使ってはならない

ようなプログラムで計算できる関数だと考えられる．

記法 6.1 ((メタ) λ 記法) 以下，自然数の集合 $\mathbb{N}$ から $\mathbb{N}$ への関数を書きあらわすために，太文字の「ラムダ」の記号 $\boldsymbol{\lambda}$ を用いる．たとえば，$\boldsymbol{\lambda}x.\,x+1$ は関数

$$\boldsymbol{\lambda}x.\,x+1\colon \mathbb{N} \longrightarrow \mathbb{N}, \quad x \longmapsto x+1$$

をあらわす．

より一般に，同じ $\boldsymbol{\lambda}$ の記号を $\mathbb{N}^m \to \mathbb{N}$ の型の関数を表現するために用いる．たとえば

$$\boldsymbol{\lambda}(x_1, x_2, x_3).\,x_1 + x_2 + x_3\colon \mathbb{N}^3 \longrightarrow \mathbb{N}$$

といった具合である．

– 121 –

122   6 帰納的関数

ここで，**λ**記法は**メタレベル**の記号であることに注意しておく．上記で用いた「記号」「変数」などの言葉はインフォーマルな意味であって，（たとえば本書の第 2–4 章のように）厳密に構文論を定めようとしているわけではない[*1]．

定義 6.2 (原始帰納的関数) 原始帰納的関数とは，次にように定義されるクラスに属する関数のことをいう[*2]．以下「原始帰納的 (primitive recursive)」を「PR」と略記する．

- （ベースケース）

    - ゼロ関数 zero: $\mathbb{N}^0 \to \mathbb{N}$ は PR．ただし zero は $\mathrm{zero}() = 0$ によって定義される．

    - 後者関数 succ: $\mathbb{N} \to \mathbb{N}$ は PR．ただし $\mathrm{succ}(x) = x + 1$.

    - 射影関数 $\mathrm{proj}_i^n \colon \mathbb{N}^n \to \mathbb{N}$ は PR．ただし n は任意の自然数，$i \in \{0, 1, \ldots, n-1\}$ であり，$\mathrm{proj}_i^n(x_0, \ldots, x_{n-1}) = x_i$ によって定義される．

- （関数合成）$g \colon \mathbb{N}^m \to \mathbb{N}$ および $g_0, \ldots, g_{m-1} \colon \mathbb{N}^n \to \mathbb{N}$ がすべて PR であるとき，これらを合成して得られる関数

$$\boldsymbol{\lambda}(x_0, \ldots, x_{n-1}). \, g\big(g_0(x_0, \ldots, x_{n-1}), \ldots, g_{m-1}(x_0, \ldots, x_{n-1})\big) \colon \mathbb{N}^n \longrightarrow \mathbb{N}$$

  は PR．（$g_0, \ldots, g_{m-1}$ はすべて n 項関数であり，入力の個数が同じことに注意せよ．）

- （原始帰納法）$g \colon \mathbb{N}^n \to \mathbb{N}$ および $h \colon \mathbb{N}^{n+2} \to \mathbb{N}$ がともに PR であるとき，次のように定義される関数 $f \colon \mathbb{N}^{n+1} \to \mathbb{N}$ は PR．

$$\begin{aligned} f(\overrightarrow{x}, 0) &:= g(\overrightarrow{x}), \\ f(\overrightarrow{x}, y+1) &:= h(\overrightarrow{x}, y, f(\overrightarrow{x}, y)) \end{aligned} \tag{6.1}$$

  ここで $\overrightarrow{x}$ は $x_0, \ldots, x_{n-1}$ の略記．

以上の帰納的定義を導出規則として書くと，次のようになる．

[*1]　記号 λ を用いて関数を表現するための厳密な構文論が **λ 計算**とよばれる体系である．
[*2]　「原始帰納的関数全体のクラス」自身，「帰納的」に定義される．しかし，ここでいう二つの「帰納的」の間に直接の関係はない．

$$\frac{}{\mathsf{zero}\ \text{は PR}}\ (\text{ゼロ関数}) \qquad \frac{}{\mathsf{succ}\ \text{は PR}}\ (\text{後者関数}) \qquad \frac{}{\mathsf{proj}_i^n\ \text{は PR}}\ (\text{射影関数})$$

$$\frac{g\ \text{は PR} \quad g_0\ \text{は PR} \quad \cdots \quad g_{m-1}\ \text{は PR}}{\boldsymbol{\lambda}\overrightarrow{x}.\,g(g_0(\overrightarrow{x}),\dots,g_{m-1}(\overrightarrow{x}))\ \text{は PR}}\ (\text{合成})$$

$$\frac{g\ \text{は PR} \quad h\ \text{は PR} \quad f(\overrightarrow{x},0)=g(\overrightarrow{x}) \quad f(\overrightarrow{x},y+1)=h(\overrightarrow{x},y,f(\overrightarrow{x},y))}{f\ \text{は PR}}\ (\text{原始帰納法})$$

ここで $\mathbb{N}^0 \cong 1$ であったことに注意しておく（第 1 章）．ゆえに 0 項関数 $\mathbb{N}^0 \to \mathbb{N}$ は，$\mathbb{N}$ の元（すなわち自然数）と同一視することができる．

注意 6.3
$$\{\,\text{原始帰納的関数}\,\} \subseteq \bigcup_{m\in\mathbb{N}} (\mathbb{N}^m \to \mathbb{N})$$
であることを念のため明示しておく．ここで，左辺は原始帰納的関数全体の集合をあらわす．また，$(\mathbb{N}^m \to \mathbb{N}) = \mathbb{N}^{(\mathbb{N}^m)}$ は $\mathbb{N}^m$ から $\mathbb{N}$ への関数全体の集合（関数空間）である．

注意 6.4 本章では構文論を厳密に導入しないことを再度強調しておく．ゆえに，定義 6.2 に現れる zero, f, g などは（ただの記号でなく）関数であり，すなわち，内容を持った数学的実体である．

6.1.2　原始帰納的関数の例

例 6.5 恒等関数
$$\mathrm{id}_{\mathbb{N}}\colon \mathbb{N} \longrightarrow \mathbb{N}, \quad x \longmapsto x$$
は PR．なぜならば $\mathrm{id}_{\mathbb{N}} = \mathsf{proj}_0^1$ だからである．

例 6.6 前者関数 $\mathsf{pred}\colon \mathbb{N} \to \mathbb{N}$ は PR．ただし
$$\mathsf{pred}(x) := \begin{cases} 0 & \text{if } x=0; \\ x-1 & \text{if } x>0 \end{cases}$$
と定義される．

124   6 帰納的関数

pred が PR であることをみるためには，次の原始帰納法による定義を考えれば
よい．

$$\mathsf{pred}(0) = \mathsf{zero}(); \quad \mathsf{pred}(y+1) = \mathsf{proj}_0^2\big(y, \mathsf{pred}(y)\big). \tag{6.2}$$

二つ目の式の右辺 $\mathsf{proj}_0^2\big(y, \mathsf{pred}(y)\big)$ は y に等しいのであるが，(6.1) の原始帰納法
のフォーマットに合わせるためにあえてこう書いた．

原始帰納法のフォーマット (6.1) においては，ステップケース（2行目）において

- 一つ前の f の値 (すなわち $f(\vec{x}, y)$) だけでなく，

- いま何番目か，という情報（すなわち y）[*3]

も計算に用いることができることに注意しておく．この事実は，上の (6.2) におけ
る原始帰納法による定義において活用されている．

射影関数を用いると，入力を「何度でも，好きな順番で」使うことができる：

補題 6.7 関数 $f\colon \mathbb{N}^m \to \mathbb{N}$ を PR とし，また $i_0, \ldots, i_{m-1} \in \{0, \ldots, n-1\}$ とせ
よ．すると関数

$$\boldsymbol{\lambda}(x_0, \ldots, x_{n-1}).\, f(x_{i_0}, x_{i_1}, \ldots, x_{i_{m-1}})\colon \mathbb{N}^n \longrightarrow \mathbb{N}$$

は PR．

（証明） $x_0, \ldots, x_{n-1}$ を $\vec{x}$ と略記する．問題になっている関数は

$$\boldsymbol{\lambda}(x_0, \ldots, x_{n-1}).\, f\big(\mathsf{proj}_{i_0}^n(\vec{x}), \ldots, \mathsf{proj}_{i_{m-1}}^n(\vec{x})\big)$$

に等しいが，これは関数合成の規則により PR とわかる． ■

四則演算など，自然数上の多くの「普通の」演算は PR である．この事実の証
明は，PR という「低レベルプログラミング言語」を使ったプログラミングに相
当する．

例 6.8 （加算） $\mathsf{add}(x, y) := x + y$ によって定義される関数 $\mathsf{add}\colon \mathbb{N}^2 \to \mathbb{N}$ は PR．
実際，add は次の原始帰納法によって定義される．

$$\mathsf{add}(x, 0) = x; \quad \mathsf{add}(x, y+1) = \mathsf{succ}(\mathsf{add}(x, y)). \tag{6.3}$$

[*3] 正確には，いま $f(\vec{x}, y+1)$ は $y+1$ 番目であるから「一つ前は何番目か」というべきか．

上式が実際に原始帰納法のフォーマット (6.1) に従っていることはすぐに確かめられる（各自確かめよ）.

例 6.9 (正規化減算 $\dot{-}$)

$$\mathsf{subtr}(x, y) := \begin{cases} x - y & y \leq x \text{ のとき} \\ 0 & \text{それ以外} \end{cases}$$

によって定義される関数 $\mathsf{subtr}: \mathbb{N}^2 \to \mathbb{N}$ は PR. このように定義される**正規化減算**の演算を $x \dot{-} y$ と書きあらわす.

例 6.10 次の関数はすべて PR である（各自確かめよ）.

$$\mathsf{mult}: \mathbb{N}^2 \longrightarrow \mathbb{N}, \quad \mathsf{mult}(x, y) := x \cdot y$$
$$\mathsf{exp}: \mathbb{N}^2 \longrightarrow \mathbb{N}, \quad \mathsf{exp}(x, y) := x^y$$
$$\mathsf{fact}: \mathbb{N} \longrightarrow \mathbb{N}, \quad \mathsf{fact}(x) := x! = x \cdot (x - 1) \cdots 2 \cdot 1$$

補題 6.11 (有界和, 有界積) 関数 $f: \mathbb{N}^{n+1} \to \mathbb{N}$ が PR であるとする. このとき関数

$$\boldsymbol{\lambda}(\overrightarrow{x}, y). \sum_{z < y} f(\overrightarrow{x}, z): \mathbb{N}^{n+1} \longrightarrow \mathbb{N}$$
$$\boldsymbol{\lambda}(\overrightarrow{x}, y). \prod_{z < y} f(\overrightarrow{x}, z): \mathbb{N}^{n+1} \longrightarrow \mathbb{N}$$

はともに PR. ここで $\overrightarrow{x}$ は $x_0, \ldots, x_{n-1}$ の略記である.

入力 $(\overrightarrow{x}, y)$ に対して, 上記の関数はそれぞれ次の値を計算することに注意せよ.

$$\sum_{z < y} f(\overrightarrow{x}, z) = f(\overrightarrow{x}, 0) + \cdots + f(\overrightarrow{x}, y - 1)$$
$$\prod_{z < y} f(\overrightarrow{x}, z) = f(\overrightarrow{x}, 0) \cdots f(\overrightarrow{x}, y - 1)$$

証明の例として, この補題に対してはできるだけくわしい証明を与えることにしよう. 有界和の場合のみ扱う（有界積の場合も同様）.

126　　6 帰 納 的 関 数

(証明) 一つ目の関数 $\boldsymbol{\lambda}(\overrightarrow{x}, y). \sum_{z<y} f(\overrightarrow{x}, z)$ を $F\colon \mathbb{N}^{n+1} \to \mathbb{N}$ と略記することにしよう. すると

$$F(\overrightarrow{x}, 0) = \mathsf{zero}, \quad F(\overrightarrow{x}, y+1) = \mathsf{add}\big(F(\overrightarrow{x}, y), f(\overrightarrow{x}, y)\big) \tag{6.4}$$

がなりたつ. ゆえに, 原始帰納法のフォーマット (6.1) を考えると, 次を示せば十分である：関数

$$\boldsymbol{\lambda}\overrightarrow{x}.\,\mathsf{zero} \ \text{ および } \ \boldsymbol{\lambda}(\overrightarrow{x}, y, z).\,\mathsf{add}\big(z, f(\overrightarrow{x}, y)\big)$$

はともに PR. 前者は定義 6.2 の関数合成の規則により明らかに PR になる. 後者が PR であることは次のように示される.

$$\boldsymbol{\lambda}(\overrightarrow{x}, y, z).\,z \text{ は PR（定義 6.2 より）} \tag{6.5}$$

$$\boldsymbol{\lambda}(\overrightarrow{x}, y, z).\,f(\overrightarrow{x}, y) \text{ は PR（補題 6.7 より）} \tag{6.6}$$

$$\boldsymbol{\lambda}(\overrightarrow{x}, y, z).\,\mathsf{add}\big(z, f(\overrightarrow{x}, y)\big) \text{ は PR}$$

$$\text{（(6.5), (6.6) および定義 6.2 の関数合成規則により）} \tag{6.7}$$

以上で主張は示された. ■

6.1.3　原始帰納的述語

定義 6.12 (述語) n 項述語とは, $\mathbb{N}^n$ の部分集合

$$P \subseteq \mathbb{N}^n$$

のことをいう.

本章における「述語」と, 第 4 章における「述語記号」の区別に（再度）注意しておく. 後者はただの記号であり, その意味内容は構造によって定まるのであった. 一方で前者は, それ自身内容を持った数学的実体である.

　特性関数とは, 部分集合 $P \subseteq \mathbb{N}^n$ に対して定まる関数 $\chi_P\colon \mathbb{N}^n \to \{0, 1\}$ であった（定義 1.27）. これは入力が P に属するとき 0, P に属さないとき 1 を返す関数である.

6.1 原始帰納的関数　　127

定義 6.13 (原始帰納的述語) 述語 $P \subseteq \mathbb{N}^n$ が**原始帰納的** (primitive recursive, PR) であるとは，次の関数が原始帰納的関数であることをいう．

$$\mathbb{N}^n \xrightarrow{\chi_P} \{0, 1\} \hookrightarrow \mathbb{N}$$

ここで関数 $\{0, 1\} \hookrightarrow \mathbb{N}$ は $0 \mapsto 0$ かつ $1 \mapsto 1$ なる**埋め込み関数**である．

　すなわち，述語 P が原始帰納的であるのは，入力 $\vec{x} \in \mathbb{N}^n$ のそれぞれに対し $P(\vec{x})$ がなりたつかどうかを，原始帰納的関数で計算できるときである．

記法 6.14 (述語のための記法，特に（メタ）$\boldsymbol{\lambda}$ 記法) 述語 $P \subseteq \mathbb{N}^n$ に対して，以下次のような記法を用いる．

- 述語 P と，その特性関数 $\chi_P \colon \mathbb{N}^n \to \{0, 1\}$ を，しばしば区別せず用いる，

- 記法 6.1 の（メタ）$\boldsymbol{\lambda}$ 記法を拡大して，述語の特性関数など，値域が（$\mathbb{N}$ でなく）$\{0, 1\}$ である場合にも適用する．

これによってたとえば，3 項述語 $P \subseteq \mathbb{N}^3$ に対し，2 項述語

$$\big\{ (x, y) \,\big|\, (y, x, x + 1) \in P \big\} \subseteq \mathbb{N}^2 \tag{6.8}$$

を

$$\boldsymbol{\lambda}(x, y).\, P(y, x, x + 1) \tag{6.9}$$

と書きあらわすことが可能になる．すなわち，式 (6.9) は「特性関数が $\boldsymbol{\lambda}(x, y).\, \chi_P(y, x, x + 1)$ である 2 項述語」をあらわすが，これは式 (6.8) の述語に他ならない．

例 6.15 　(1) 1 項述語 ($\_ = 0$)——これは部分集合としては $\{0\} \subseteq \mathbb{N}$ にあたる——は PR である．実際

$$\chi_{(\_=0)}(x) = 1 \mathbin{\dot-} (1 \mathbin{\dot-} x)$$

がなりたち，右辺は明らかに PR．ここで $\mathbin{\dot-}$ は例 6.9 の正規化減算である．

(2) 2 項述語 $=$ を考えよう．これは ($\__1 = \__2$) または $\boldsymbol{\lambda}(x_1, x_2).\, x_1 = x_2$ とも書くが，この述語は PR である．この述語は部分集合としては

$$\{ (x, y) \mid x = y \} \subseteq \mathbb{N}^2$$

にあたるが，その特性関数は

$$\chi_=(x,y) = \chi_{(\_=0)}\big((x \mathbin{\dot-} y) + (y \mathbin{\dot-} x)\big)$$

となり PR である．

(3) 大小関係をあらわす 2 項述語 $\le$ は PR である．実際，その特性関数は

$$\chi_\le(x,y) = \chi_{(\_=0)}(x \mathbin{\dot-} y)$$

と書けて，右辺は PR 関数の合成であるため PR.

原始帰納的述語のクラスはブール演算について閉じている（下の補題）．この証明は容易であり，自然数の加減乗除（PR 関数である）を用いて特性関数を適宜模倣すればよい．各自試みよ．

補題 6.16 述語 $P, Q \subseteq \mathbb{N}^n$ がともに PR であるとする．すると，述語

$$\neg P, \quad P \vee Q, \quad P \wedge Q$$

はすべて PR である．これらの述語は，$\mathbb{N}^n$ の部分集合としては

$$\mathbb{N}^n \setminus P, \quad P \cup Q, \quad P \cap Q$$

であることに注意しておく． ■

補題 6.7 に対応する主張は PR 述語についてもなりたつ（各自確かめよ）．
原始帰納的述語のクラスは**有界限量子**についても閉じていることが証明できる．以下，述語の項数（入力の個数）に注意せよ．特に y は述語の入力である．

補題 6.17 述語 $P \subseteq \mathbb{N}^{n+1}$ が PR であるとする．すると，次の二つの $(n+1)$ 項述語はともに PR である．

$$\boldsymbol{\lambda}(\overrightarrow{x}, y).\big(\forall_{z<y}. P(\overrightarrow{x}, z)\big), \quad \boldsymbol{\lambda}(\overrightarrow{x}, y).\big(\exists_{z<y}. P(\overrightarrow{x}, z)\big)$$

たとえば前者の述語の意味するところは，入力 $(\overrightarrow{x}, y)$ に対して

$$P(\overrightarrow{x}, 0), \quad P(\overrightarrow{x}, 1), \quad \ldots, \quad P(\overrightarrow{x}, y-1),$$

$$\text{すなわち } (\overrightarrow{x}, 0) \in P, \quad (\overrightarrow{x}, 1) \in P, \quad \ldots, \quad (\overrightarrow{x}, y-1) \in P$$

がすべて成立することである。一方で後者の述語 $\boldsymbol{\lambda}(\overrightarrow{x}, y). \big(\exists_{z<y}. P(\overrightarrow{x}, z)\big)$ は，こ
れら y 個のうち少なくとも一つが真であることを意味する。

(証明) 前者の述語 $\boldsymbol{\lambda}(\overrightarrow{x}, y). \big(\forall_{z<y}. P(\overrightarrow{x}, z)\big)$ に対しては，特性関数を

$$\chi_{(\_=0)}\Big(\sum_{z<y}\chi_P(\overrightarrow{x}, z)\Big)$$

によって与えることができ，これは補題 6.11 によって PR．後者の述語に対して
は特性関数が次のようになる。

$$\prod_{z<y}\chi_P(\overrightarrow{x}, z)$$

∎

　原始帰納的述語の入力部分に原始帰納的関数を組み合わせても原始帰納的 (PR)
になる。

補題 6.18 述語 $P \subseteq \mathbb{N}^m$ が PR であるとし，また，関数 $f_0, \ldots, f_{m-1}\colon \mathbb{N}^n \to \mathbb{N}$
のそれぞれが PR であるとする。すると述語

$$\boldsymbol{\lambda}\overrightarrow{x}. P\big(f_0(\overrightarrow{x}), \ldots, f_{m-1}(\overrightarrow{x})\big)$$

は PR。ここで $\overrightarrow{x}$ は $x_0, \ldots, x_{n-1}$ の略記である。 ∎

補題 6.19 (場合分け) 述語 $P_0, \ldots, P_{n-1} \subseteq \mathbb{N}^m$ のそれぞれが PR であり，また，
各 $\overrightarrow{x} \in \mathbb{N}^m$ に対して $P_0(\overrightarrow{x}), \ldots, P_{n-1}(\overrightarrow{x})$ のちょうど一つが真であると仮定す
る。さらに，関数 $g_0, \ldots, g_{n-1}\colon \mathbb{N}^m \to \mathbb{N}$ のそれぞれが PR であるとする。
　すると，次のように定義された関数 $f\colon \mathbb{N}^m \to \mathbb{N}$ は PR。

$$f(\overrightarrow{x}) \coloneqq \begin{cases} g_0(\overrightarrow{x}) & P_0(\overrightarrow{x}) \text{ が真であるとき} \\ g_1(\overrightarrow{x}) & P_1(\overrightarrow{x}) \text{ が真であるとき} \\ \cdots & \\ g_{n-1}(\overrightarrow{x}) & P_{n-1}(\overrightarrow{x}) \text{ が真であるとき} \end{cases}$$

(証明)

$$f(\overrightarrow{x}) = \sum_{i<n}\big(1 \mathbin{\dot-} \chi_{P_i}(\overrightarrow{x})\big) \cdot g_i(\overrightarrow{x})$$

と書けて，右辺は PR。 ∎

130   6 帰納的関数

例 6.20 最大値および最小値関数 max, min: $\mathbb{N}^2 \to \mathbb{N}$ は PR である. 補題 6.19 を用いて示してみよ.

ここで, 原始帰納的関数はすべて**全域関数** $\mathbb{N}^m \to \mathbb{N}$ であり, 部分関数 $\mathbb{N}^m \to \mathbb{N}$ ではないことを注意しておく. 次節で導入する**帰納的関数**は, 原始帰納的関数を包含するような, より広い関数のクラスであるが, 帰納的関数は全域関数とは限らない.

原始帰納的関数をさらにいくつか導入しておく. これらの関数は後の議論で用いられる.

補題 6.21 述語 $P \subseteq \mathbb{N}^{n+1}$ が PR であるとする. すると関数

$$\boldsymbol{\lambda}(\overrightarrow{x}, y). \left(\mu_{z<y}. P(\overrightarrow{x}, z)\right): \mathbb{N}^{n+1} \longrightarrow \mathbb{N}$$

は PR. ここで $\mu_{z<y}. P(\overrightarrow{x}, z)$ という自然数は以下のように定義される.

- $P(\overrightarrow{x}, 0), P(\overrightarrow{x}, 1), \ldots, P(\overrightarrow{x}, y-1)$ のうちいずれかが真であれば,

$$\mu_{z<y}. P(\overrightarrow{x}, z) := \left(P(\overrightarrow{x}, z) \text{ が真であるような } z \text{ のうち最小のもの}\right).$$

- $P(\overrightarrow{x}, 0), P(\overrightarrow{x}, 1), \ldots, P(\overrightarrow{x}, y-1)$ がすべて偽であれば,

$$\mu_{z<y}. P(\overrightarrow{x}, z) := y.$$

上記の演算子 $\mu_{z<y}$ は**有界最小化演算子**とよばれる.

関数 $\boldsymbol{\lambda}(\overrightarrow{x}, y). \left(\mu_{z<y}. P(\overrightarrow{x}, z)\right)$ の定義を直観的に説明すると, 次のような「計算過程」になる.

- $P(\overrightarrow{x}, 0), P(\overrightarrow{x}, 1), \ldots$ の真偽を順番にチェックしていく.

- 真であるものが見つかったら, その添字を出力して終了. 偽であったら次の真偽をチェックする.

- 添字が y に達したらあきらめて, y を出力して終了.

探索範囲の上限が y によって与えられていることに注意(ゆえに「有界」最小化

とよばれる）．有界であるおかげで，この計算過程は必ず停止するゆえ，この関数は全域関数となる．

（証明）（概略，詳細は各自試みよ）問題の関数の出力は次のように表現できる．

$$\chi_P(\overrightarrow{x},0)$$
$$+ \chi_P(\overrightarrow{x},0) \cdot \chi_P(\overrightarrow{x},1)$$
$$+ \cdots$$
$$+ \chi_P(\overrightarrow{x},0) \cdot \chi_P(\overrightarrow{x},1) \cdots \chi_P(\overrightarrow{x},y-1).$$

この関数は PR. ∎

有界最小化演算子を用いると，割り算が PR であることが示せる．

例 6.22 (1) $\mathsf{div}(x,y) := x \div y$ によって定義される割り算の関数 $\mathsf{div}\colon \mathbb{N}^2 \to \mathbb{N}$ は PR. 実際

$$\mathsf{div}(x,y) = \left(\mu_{z<x+1}.\, x < z \cdot y\right) \dotminus 1$$

がなりたつ．

(2) x を y で割ったときの余り $\mathsf{rem}(x,y)$ を計算する関数 $\mathsf{rem}\colon \mathbb{N}^2 \to \mathbb{N}$ も PR.

補題 6.23 関数 $f\colon \mathbb{N} \to \mathbb{N}$ が PR であるとする．$f^{\#}\colon \mathbb{N}^2 \to \mathbb{N}$ を，f を指定された回数適用するような関数としよう．すなわち

$$f^{\#}(x,0) := x; \quad f^{\#}(x,y+1) := f(f^{\#}(x,y)).$$

この関数 $f^{\#}$ は PR. ∎

補題 6.24 (1) 素数であることをあらわす述語 $\mathsf{prime} \subseteq \mathbb{N}$ は PR.

(2) 小さいほうから x 番目の素数を返す関数 $\mathsf{pr}\colon \mathbb{N} \to \mathbb{N}$ は PR.

（証明）（概略，詳細は各自試みよ）(1) に対しては，補題 6.17 の有界限量子を用いよ．(2) に対しては，補題 6.21 の有界最小化演算子を用いよ．特に次の事実に注意せよ：x 番目に小さい素数 $\mathsf{pr}(x)$ が与えられたとき，$(x+1)$ 番目に小さい素数 $\mathsf{pr}(x+1)$ は $\mathsf{pr}(x)! + 1$ を超えない． ∎

132   6 帰納的関数

6.2 帰納的関数

　これまでみてきた原始帰納的関数が,「計算可能」な関数のすべてを含んでいる
とは考えづらい. たとえば while ループのあるプログラムで表現できる関数全体
を考えてみよう. これらの関数は「計算可能」であると自然に考えられるが,（原
始帰納的関数とは違い）これらの関数は全域関数とは限らない. 例として次のプ
ログラムを考えよう.

```
z := 0;
while (z + 1 != 0) {
  z := z + 1
}
```

このプログラムは停止せず, このプログラムの表現する関数は実際のところ部分
関数である[*4]. 本節で学ぶ帰納的関数による定式化においては, 上の while ルー
プのような（停止性を犠牲にして計算能力を高める）「再帰」のメカニズムを, **最
小化演算子** μ の形で導入する[*5][*6].

6.2.1 定　　義

　次の定義は, 原始帰納的関数の定義（定義 6.2）と比較しながら読んでほしい.
大きな違いは最小化演算子である. また, 最小化演算子のせいで帰納的関数は一
般には**部分関数** $f\colon \mathbb{N}^m \rightharpoonup \mathbb{N}$ になることに, くれぐれも注意せよ. 入力 $\vec{x} \in \mathbb{N}^m$
に対して値 $f(\vec{x})$ が定義されないことは, 直観的には「$f(x)$ の計算が停止しない」
ことと理解される.

定義 6.25 (帰納的関数) **帰納的関数**とは, 次にように定義されるクラスに属する
関数のことをいう.

- （ベースケース）

  - ゼロ関数 zero: $\mathbb{N}^0 \to \mathbb{N}$ は帰納的.

[*4]　正確には, 項数 0 の部分関数 $\mathbb{N}^0 \rightharpoonup \mathbb{N}$ で, 定義域が空集合 $\emptyset$ であるものである.
[*5]　最小化演算子は**最小解演算子**ともよばれる.
[*6]　実際のところ, 帰納的関数が全域的であったとしても, 原始帰納的であるとは限らない. 例 6.29
　　　を参照せよ.

6.2 帰納的関数　133

- **後者関数** $\mathrm{succ}\colon \mathbb{N} \to \mathbb{N}$ は帰納的.

- **射影関数** $\mathrm{proj}_i^n\colon \mathbb{N}^n \to \mathbb{N}$ は帰納的.

- （関数合成）$g\colon \mathbb{N}^m \to \mathbb{N}$ および $g_0,\ldots,g_{m-1}\colon \mathbb{N}^n \to \mathbb{N}$ がすべて帰納的であるとき，これらを合成して得られる関数

$$\boldsymbol{\lambda}(x_0,\ldots,x_{n-1}).\,g\big(g_0(x_0,\ldots,x_{n-1}),\ldots,g_{m-1}(x_0,\ldots,x_{n-1})\big)\colon \mathbb{N}^n \to \mathbb{N}$$

は帰納的．ただしここで，値

$$g\big(g_0(x_0,\ldots,x_{n-1}),\ldots,g_{m-1}(x_0,\ldots,x_{n-1})\big) \tag{6.10}$$

は，値

$$g_0(x_0,\ldots,x_{n-1}),\ldots,g_{m-1}(x_0,\ldots,x_{n-1}) \;\text{ および}$$
$$g\big(g_0(x_0,\ldots,x_{n-1}),\ldots,g_{m-1}(x_0,\ldots,x_{n-1})\big)$$

がすべて定義されている場合に限り定義されているものとする（下の例 6.26 を参照せよ）．

- （原始帰納法）$g\colon \mathbb{N}^n \to \mathbb{N}$ および $h\colon \mathbb{N}^{n+2} \to \mathbb{N}$ が帰納的関数であるとき，次のように定義される部分関数 $f\colon \mathbb{N}^{n+1} \to \mathbb{N}$ は帰納的.

$$\begin{aligned}
f(\overrightarrow{x},0) &:= g(\overrightarrow{x}) \\
f(\overrightarrow{x},y+1) &:= h(\overrightarrow{x},y,f(\overrightarrow{x},y))
\end{aligned} \tag{6.11}$$

- （最小化）$f\colon \mathbb{N}^{n+1} \to \mathbb{N}$ を帰納的関数とするとき，関数

$$\boldsymbol{\lambda}\overrightarrow{x}.\,\big(\mu_y.\,f(\overrightarrow{x},y)=0\big)\colon \mathbb{N}^n \to \mathbb{N}$$

は帰納的関数．ただしここで，**最小解** $\mu_y.\,f(\overrightarrow{x},y)=0$ は直観的には「$f(\overrightarrow{x},y)=0$ をみたす最小の y」をあらわし，正確には次のように定義される値である．

- 次の条件をみたす z が存在するとき，$\mu_y.\,f(\overrightarrow{x},y)=0$ の値を z と定義する．

  * $f(\overrightarrow{x},0),f(\overrightarrow{x},1),\ldots,f(\overrightarrow{x},z)$ がすべて定義されており，

134 6 帰納的関数

* $f(\overrightarrow{x}, 0), f(\overrightarrow{x}, 1), \ldots, f(\overrightarrow{x}, z-1)$ がすべて 0 でなく,
* $f(\overrightarrow{x}, z) = 0$.

- 上の定義をみたす z が存在しないとき, $\mu_y. f(\overrightarrow{x}, y) = 0$ の値は定義されない.

最小化演算子の計算の「手順」として次のようなものを考えると, 上の定義の理解の助けになるかもしれない. 最小解 $\mu_y. f(\overrightarrow{x}, y) = 0$ を計算するために, 値 $f(\overrightarrow{x}, 0), f(\overrightarrow{x}, 1), \ldots$ を一つひとつ順番に計算していって値が 0 になるかどうか調べることを繰り返し, $f(\overrightarrow{x}, z) = 0$ となる $z \in \mathbb{N}$ を見つけたらそのときの引数 z を返す, という手順を考える. すると, 値 $\mu_y. f(\overrightarrow{x}, y) = 0$ が定義されない——すなわち上記の手順が停止しない——状況には次の 2 種類があることがわかる.

- $f(\overrightarrow{x}, 0), f(\overrightarrow{x}, 1), \ldots$ がすべて定義されているが, 値が 0 になるものが一つもなく, 探索が停止しない.

- $f(\overrightarrow{x}, z) = 0$ となる $z \in \mathbb{N}$ が存在するかもしれないが, その前の y 番目 (ただし $y < z$) の値 $f(\overrightarrow{x}, y)$ が定義されていない. f は一般には部分関数であることに注意せよ. すなわち「$f(\overrightarrow{x}, y)$ の値を計算してみて 0 かどうか調べよう」というステップが停止せず, $f(\overrightarrow{x}, y+1), f(\overrightarrow{x}, y+2), \ldots$ を調べるところまで到達しない, というわけである.

例 6.26 部分関数
$$\mu_y. (y + 1 = 0)$$
は項数 0 の帰納的関数 $\mathbb{N}^0 \rightharpoonup \mathbb{N}$ である. 任意の $y \in \mathbb{N}$ に対して, $y + 1 = 0$ となることはないので, この関数の値は定義されない. すなわち定義域は空集合 $\emptyset \subseteq \mathbb{N}^0$ である.

さらに, 帰納的関数の定義によると, 関数
$$0 \cdot \left(\mu_y. (y + 1 = 0) \right)$$
は項数 0 の帰納的関数 $\mathbb{N}^0 \rightharpoonup \mathbb{N}$ である. 定義 6.25 の (関数合成) の項によると, (関数合成の値が定義されるためにはすべての引数の値が定義されなければいけな

いので）この帰納的関数の定義域は空集合 $\emptyset \subseteq \mathbb{N}^0$ である[*7].

二つの部分関数が「等しい」という関係は次のように正確に定義される.

定義 6.27 (Kleene（クリーネ）等号) $f, g \colon \mathbb{N}^m \to \mathbb{N}$ を部分関数とする. f と g の間に **Kleene 等号**がなりたつ $(f \doteq g)$ とは，次の条件がなりたつことをいう.

$$f \doteq g \quad \overset{\text{定義}}{\Longleftrightarrow} \quad \text{任意の } x_0, \ldots, x_{m-1} \in \mathbb{N} \text{ に対して,}$$

$$\begin{cases} f(x_0, \ldots, x_{m-1}) \text{ と } g(x_0, \ldots, x_{m-1}) \text{ の両方がともに定義されていないか,} \\ \text{これら両方とも定義されていてしかも } f(x_0, \ldots, x_{m-1}) = g(x_0, \ldots, x_{m-1}). \end{cases}$$

すなわち $f \doteq g$ は，f と g が

- 定義されているかどうか，および

- その値（定義されているとき）

の両方において一致することをあらわす.

定義 6.28 (全域的帰納的関数) **全域的帰納的関数**とは，帰納的関数 $f \colon \mathbb{N}^n \to \mathbb{N}$ であって全域的であるもの（すなわち，すべての入力 $\vec{x} \in \mathbb{N}^n$ に対して値が定義されているもの）のことをいう.

全域的帰納的関数でありながら原始帰納的でない有名な例を示す.

例 6.29 (Ackermann（アッカーマン）関数) 次のように定義される関数 $A \colon \mathbb{N}^2 \to \mathbb{N}$ を考えよう[*8].

$$A(x, y) \coloneqq \begin{cases} y + 1 & x = 0 \text{ のとき} \\ A(x - 1, 1) & x > 0 \text{ かつ } y = 0 \text{ のとき} \\ A(x - 1, A(x, y - 1)) & x > 0 \text{ かつ } y > 0 \text{ のとき} \end{cases} \quad (6.12)$$

[*7] 「掛け算の一つ目の引数が 0 ならば，二つ目の引数が何であっても（さらには未定義であっても）結果は 0」という考え方も可能であるし，実際そのような挙動を示すプログラミング言語実装もあろうが，帰納的関数の定義によれば，あくまですべての引数の値が定義されているときに限り関数の値が定義されているのであった（(6.10) を見よ）.

[*8] 「Ackermann 関数」とよばれる関数にはさまざまな変種がある. ここにあげるものは最も単純なものの一つ.

この関数 A は全域的である．（この事実の証明は自明ではない．$\mathbb{N}^2$ 上の辞書式順序を用い，各自試みよ．）

A が帰納的であることも示せる（ただし帰納的関数の定義に沿って直接示すことは簡単でない）．

しかしながら A は原始帰納的ではない：A の値はどのような原始帰納的関数よりも速く増加する．より具体的には，次のようなステップを踏んでいく（詳細は各自試みよ）．

(1) $f\colon \mathbb{N}^m \to \mathbb{N}$ を任意の PR 関数とする．このとき，ある自然数 $z \in \mathbb{N}$ で，次をみたすものが存在する．

　　　　任意の $x_0, \ldots, x_{m-1} \in \mathbb{N}$ に対して
$$f(x_0, \ldots, x_{m-1}) < A(z, x_0 + \cdots + x_{m-1}).$$

（z は f に依存するが，$x_0, \ldots, x_{m-1}$ には依存しないことに注意せよ．ヒント：PR 関数 f の定義に関する帰納法を用いよ．）

(2) 以上の PR 関数の増加速度の限界に対し，対角線論法を適用すると，Ackermann 関数 $A\colon \mathbb{N}^2 \to \mathbb{N}$ が PR でないことを結論できる．

上の定義 (6.12) は x, y に関する原始帰納法のフォーマットに則っていないことに注意せよ．

注意 6.30 例 6.29 の Ackermann 関数 $A\colon \mathbb{N}^2 \to \mathbb{N}$ それ自体は PR ではないが，第一引数 x を任意に固定した 1 項関数

$$A(x, \_)\colon \mathbb{N} \longrightarrow \mathbb{N}, \quad y \longmapsto A(x, y)$$

は PR になる．このことは帰納法により証明できる（各自試みよ）．

6.2.2 帰納的述語

原始帰納的述語の定義（定義 6.13）にならって，次のように帰納的述語を定義する．

6.2 帰納的関数　　137

定義 6.31 述語 $P \subseteq \mathbb{N}^n$ が**帰納的**であるとは，その特性関数 $\chi_P \colon \mathbb{N}^n \to \mathbb{N}$ が全域的帰納的な関数であることをいう．

　帰納的述語は**決定可能述語**ともよばれる．

この定義において関数 χ_P が全域的でなければならないことに注意せよ．そもそも特性関数の定義からして全域的であったわけだが（定義 1.27），帰納的述語の定義は

　　　入力 $\vec{x} \in \mathbb{N}^n$ を与えると，「$P(\vec{x})$ がなりたつ」または「$P(\vec{x})$ がなりたたない」という答えを，有限の計算時間ののちに出力してくれるような機械がある

ことを示している．一方で，

　　　$P(\vec{x})$ がなりたたない場合には計算が止まらなくてもよい（沈黙して，いつまで待っても「なりたたない」という答えを出力してくれない）

機械を許すのが**帰納的枚挙可能述語**の概念である（8.4 節）．

補題 6.32 $P, Q \subseteq \mathbb{N}^n$ を帰納的述語とする．このとき述語

$$\neg P, \quad P \vee Q, \quad P \wedge Q$$

すなわち $\mathbb{N}^n$ の部分集合としては

$$\mathbb{N}^n \setminus P, \quad P \cup Q, \quad P \cap Q$$

はすべて帰納的である． ■

補題 6.33 (場合分け) $P_0, \ldots, P_{n-1} \subseteq \mathbb{N}^m$ を帰納的述語とし，さらに任意の $\vec{x} \in \mathbb{N}^m$ に対して $P_0(\vec{x}), \ldots, P_{n-1}(\vec{x})$ のうちちょうど一つがなりたつものとする．また，$g_0, \ldots, g_{n-1} \colon \mathbb{N}^m \to \mathbb{N}$ を帰納的関数とする．このとき次のように定義される部分関数 $f \colon \mathbb{N}^m \to \mathbb{N}$ は帰納的関数である．

$$f(\vec{x}) := \begin{cases} g_0(\vec{x}) & P_0(\vec{x}) \text{ が真のとき} \\ g_1(\vec{x}) & P_1(\vec{x}) \text{ が真のとき} \\ \cdots \\ g_{n-1}(\vec{x}) & P_{n-1}(\vec{x}) \text{ が真のとき} \end{cases} \tag{6.13}$$

138   6 帰納的関数

原始帰納的関数の場合の結果（補題 6.19）と異なり，この補題の証明は一筋縄で
はいかない．普遍帰納的関数の概念が必要になるので，証明は後に延期しておく
（第 8 章の 152 ページ）．

注意 6.34 補題 6.33 の証明は，なぜ補題 6.19 の証明と同じようにはいかないの
だろうか？　例として次の部分関数を考えよう．

$$f(x) := \begin{cases} 0 & x = 0 \text{ のとき} \\ \mu y. y + 1 = 0 & x > 0 \text{ のとき} \end{cases}$$

ここで $\mu y. y + 1 = 0$ は未定義の値をあらわす（例 6.26）．上の定義によると，$f(0)$
の値は定義されており，0 であるはずである．一方で補題 6.19 の証明では次の等
式を本質的に用いていた．

$$f(x) = (1 \dot{-} \chi_{(x=0)}) \cdot 0 + (1 \dot{-} \chi_{\neg(x=0)}) \cdot (\mu y. y + 1 = 0)$$

この右辺の値は $x = 0$ に対しても未定義になってしまう：すなわち，（$f(x)$ の計算
には寄与しないはずの）右辺の和の第 2 引数

$$(1 \dot{-} \chi_{\neg(x=0)}) \cdot (\mu y. y + 1 = 0)$$

の値が未定義であるため，右辺全体が未定義になってしまうのである．

7 帰納的関数と while プログラム

本章では前章に引き続き,「計算」の概念のもう一つの形式化として **while** プログラムを導入する. 帰納的関数と while プログラムが同じ能力を持つことを示すが, while プログラムを用いることにより, 帰納的関数についての有用な性質を証明することができる. その一つが Kleene 標準形定理（定理 7.10）である.

すでに述べたとおり, 抽象的な計算モデルとしての帰納的関数に対して, 具体的・操作的な計算モデルとしては（while プログラムでなく）チューリングマシンを用いることが多くの教科書でなされる. 本書では文献 [15, 17] にならい, while プログラムを用いるものである.

7.1 While プログラム

正確な理論展開のためには, while プログラムの文法および while プログラムが計算する（部分）関数について数学的に厳密的に定義をすることが望まれる. しかし本書では, スペースの都合および話が脇道に逸れすぎることを避けるため, while プログラムの取り扱いをあくまでインフォーマルなものにとどめる.

While プログラムとは何かという問いに対しては, C 言語などの手続き的プログラミング言語のコア部分を想像すればよい. While プログラムの例として次をあげる.

$$i := 1; \quad j := x_0;$$
```
while (j ≠ 0) {
```
$$i := i \times j;$$
$$j := j \overset{\cdot}{-} 1;$$
```
}
return i
```

このプログラムが計算する関数は, 自然数 x_0 を入力として受け取り階乗 $x_0! = x_0 \cdot (x_0 - 1) \cdots 2 \cdot 1$ を返すような関数 $\mathrm{fact} \colon \mathbb{N}^1 \to \mathbb{N}$ である.

While プログラムに対しては次のような決まりごとを仮定する.

– 139 –

140　　7　帰納的関数と while プログラム

- すべての変数は自然数を値としてとる.

- プログラムの入力は，変数 $x_0, \ldots, x_{n-1}$ の値として与えられる.

- 算術演算子 $+, \dot{-}, \times$ を用いてよい.

- 条件分岐のために，述語 $=, \neq, <$ およびブール演算を用いてよい.

- if 分岐 `if...then {...} else {...}` を用いてよい.

- while ループ `while...{...}` を用いてよい.

- プログラム全体の出力値は `return` コマンドを用いて指定する.

すると，任意の帰納的関数が while プログラムによって計算できることが容易に示される.

定理 7.1 任意の帰納的関数 $f \colon \mathbb{N}^m \rightharpoonup \mathbb{N}$ に対して，これを計算するような while プログラム p が存在する.

(証明) （While プログラムの定義をインフォーマルなものにとどめたため，この証明もインフォーマルなものにならざるをえない．概略のみ示す.）

ベースケースの関数 zero, succ, proj_j^n に関しては，

$$\text{return } 0, \quad \text{return } x_0 + 1, \quad \text{return } x_i$$

というプログラムで計算できる．関数合成

$$\boldsymbol{\lambda}(x_0, \ldots, x_{n-1}). \, g\big(g_0(x_0, \ldots, x_{n-1}), \ldots, g_{m-1}(x_0, \ldots, x_{n-1})\big),$$

に関して，まず，各 $i \in \{0, 1, \ldots, m-1\}$ に対して

$$\boxed{\mathsf{p}_i}$$
$$\text{return } r_i$$

というプログラムが関数 g_i を計算するものとしよう．さらにプログラム

$$\boxed{\mathsf{q}}$$
$$\text{return } r$$

が関数 g を計算するものとする．以上のプログラムを組み合わせて

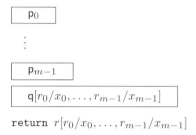

とすると，求める合成関数が計算される．（ここで $[r_0/x_0,\ldots,r_{m-1}/x_{m-1}]$ は適切なプログラムの書き換えを表現するものとする．）

(6.11) の原始帰納法に対しては次のようなプログラムを考えればよい[*1]．

$$r := g(\overrightarrow{x}); \quad j := 0;$$
$$\texttt{while } j \neq y \ \{$$
$$\quad r := h(\overrightarrow{x}, j, r);$$
$$\quad j := j + 1;$$
$$\}$$
$$\texttt{return } r$$

最後に，最小化

$$\boldsymbol{\lambda} \overrightarrow{x}. \bigl(\mu_y. f(\overrightarrow{x}, y) = 0\bigr)$$

に対しては次のような while プログラムを書けばよい．

$$r := 0;$$
$$\texttt{while } f(\overrightarrow{x}, r) \neq 0 \ \{$$
$$\quad r := r + 1;$$
$$\}$$
$$\texttt{return } r$$

∎

[*1] ここでの表記はとてもインフォーマルであり，帰納的関数 g, h をそのまま while プログラムの中で用いている．このような帰納的関数の現れを，適切な while プログラムで置き換えることはむずかしくない．

142   7 帰納的関数と while プログラム

 この定理の逆——すなわち，while プログラムによって計算される関数が必ず帰納的関数になること——はそれほど自明ではない．この目標に向かって，まず最初に while プログラムの「正規形」を考えよう．

定義 7.2 (正規形 while プログラム) While プログラムが**正規形**であるとは，次のような形をしていることをいう．

$$
\begin{aligned}
&w := e(x_0, \ldots, x_{n-1}); \quad \text{(*入力を一つの変数 w にエンコード*)} \\
&\texttt{while } q(w) \neq 0 \; \{ \\
&\quad w := g(w); \qquad\qquad\quad \text{(*w を更新*)} \\
&\} \\
&y := h(w); \qquad\qquad\qquad \text{(*出力値を準備*)} \\
&\texttt{return } y
\end{aligned}
\tag{7.1}
$$

ここで e, g, h, q は原始帰納的関数である．

 ここでは while プログラムの構文を拡張して原始帰納的関数をそのままプログラム中に用いることができるものとした．以下この拡張した構文を用いる．この拡張は定理 7.1 によって正当化される．

補題 7.3 e, g, h, q を原始帰納的関数とする．$f \colon \mathbb{N}^n \rightharpoonup \mathbb{N}$ を (7.1) の正規形プログラムで計算される部分関数とするとき，f は帰納的関数である．

プログラムの実行が停止しない場合 $f(\vec{x})$ の値は定義されないことに，注意しておく．

(証明)（概略）次の等号がなりたつ．

$$
f(\vec{x}) = h\left(g^{\#}\left(e(\vec{x}), \mu_z.\left(q\left(g^{\#}(e(\vec{x}), z) \right) = 0 \right) \right) \right)
$$

ここで $g^{\#}$ は補題 6.23 の，関数の繰り返し適用である．特に $\mu_z.\left(q(g^{\#}(e(\vec{x}), z)) = 0 \right)$ がちょうどループの実行回数をあらわすことに注意せよ． ■

 この補題により，残るは次の事実を証明するのみになった：任意の while プログラムを，計算する関数を保ったまま正規形の while プログラムに変形できる．この証明には次の二つの「トリック」を用いる．

7.1 While プログラム   143

- 自然数の有限列から（一つの）自然数への，計算可能な（すなわち「実効的な」）エンコーディング．これは **Gödel 数**とよばれる．

- **プログラム・カウンタ**を用いたプログラムの制御構造の単純化．

7.1.1   自然数列の **Gödel 数**

ここでのわれわれの目的は，

任意有限長の自然数列 $(x_0, \ldots, x_{m-1}) \in \mathbb{N}^m$ を，1 個の自然数 $y \in \mathbb{N}$ に

エンコードすることである．単に以下の全単射

$$\mathbb{N}^* = \coprod_{m \in \mathbb{N}} \mathbb{N}^m \cong \mathbb{N}$$

を作るだけではなく，これを「原始帰納的」に作りたい，というのがポイントである．ただし，「型 $\mathbb{N}^* \to \mathbb{N}$ の原始帰納的関数」は存在しないことに注意せよ——原始帰納的関数においては入力の項数は固定されている．

定義 7.4 (自然数列の Gödel 数) 関数 $G \colon \mathbb{N}^* \to \mathbb{N}$ を次のように定義する．

$$G(x_0, \ldots, x_{m-1}) := \prod_{i \in \{0, 1, \ldots, m-1\}} \bigl(\mathrm{pr}(i)\bigr)^{x_i + 1}$$

ここで $\mathrm{pr} \colon \mathbb{N} \to \mathbb{N}$ は入力 y に対して $(y+1)$ 番目に小さい素数を返す原始帰納的関数である（補題 6.24）．

たとえば $G(1, 4, 0, 2) = 2^{1+1} \cdot 3^{4+1} \cdot 5^{0+1} \cdot 7^{2+1} = 1666980$．値 $G(x_0, \ldots, x_{m-1})$ のことを数列 $x_0, \ldots, x_{m-1}$ の **Gödel 数**とよぶ．

G の「原始帰納性」については次の性質がなりたつ．

補題 7.5 任意の自然数 $m \in \mathbb{N}$ について，上の関数 G の制限 $G_m \colon \mathbb{N}^m \to \mathbb{N}$ は原始帰納的である．

(証明) 補題 6.24 より明らか．　　　　　　　　　　　　　　　　　　■

次に G の「逆関数」を導入する．

144   7 帰納的関数と while プログラム

補題 7.6 原始帰納的関数

$$|\_| : \mathbb{N} \longrightarrow \mathbb{N} \quad \text{および}$$

$$\boldsymbol{\lambda}(x, y).\, (x)_y : \mathbb{N}^2 \longrightarrow \mathbb{N}$$

であって，次をみたすものが存在する．

- $\big|G(x_0, \ldots, x_{m-1})\big| = m$

- 各 $i \in \{0, 1, \ldots, m-1\}$ に対して $\big(G(x_0, \ldots, x_{m-1})\big)_i = x_i$

(証明) （概略）$|x|$ を計算するためには，割り算 $x \div \mathrm{pr}(i)$ の余りが 0 でないような最小の i を探せばよい．そのような最小の i は x を超えることがないため，これは有界最小化演算子（補題 6.21）を用いることで計算できる．二つ目の関数も簡単に定義される． ∎

記法 7.7 以下，Gödel 数 $G(1, 4, 0, 2)$ をしばしば $\langle 1, 4, 0, 2 \rangle$ と略記する．

7.1.2   While プログラムの正規化

任意の while プログラムは，同じ関数を計算する正規形の while プログラム（定義 7.2）に変形できる．この変形の過程を例によって説明する．次のようなプログラムを考えよう．ここで p, g, h は原始帰納的関数である．

$$
\begin{aligned}
&\texttt{while } x_2 == 0 \; \{ \\
&\quad \texttt{if } x_0 == 0 \texttt{ then } \{ \\
&\qquad \texttt{while } p(x_1, x_2) \neq 0 \; \{ \\
&\qquad\quad x_1 := g(x_2); \\
&\qquad \} \\
&\quad \} \texttt{ else } \{ \\
&\qquad x_1 := h(x_1); \\
&\quad \} \\
&\} \\
&\texttt{return } x_0
\end{aligned}
\tag{7.2}
$$

このプログラムの各ポイントに，図 7.1 のように $\boxed{0}$ から $\boxed{7}$ の「マーカー」を置くことにしよう．矢印はマーカーの間の（可能な）遷移関係をあらわす．

すると，次のプログラム (7.3) がもともとのプログラム (7.2) と等価である（すなわち，同じ関数を計算する）ことを示すのはむずかしくない．ここで pc は「プログラム・カウンタ」の略であり，cases 文による場合分けは if...then...else... を複数用いたプログラムの（明らかな）略記として導入する．

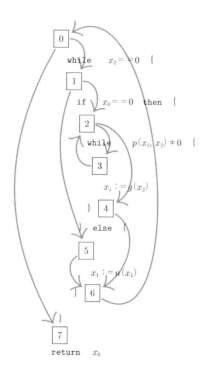

図 **7.1**　While プログラムとプログラム・カウンタ．

146   7 帰納的関数と while プログラム

```
while pc ≠ 7 {
  cases {
    pc == 0 && x₂ == 0 :        pc := 1;
    pc == 0 && x₂ ≠ 0 :        pc := 7;
    pc == 1 && x₀ == 0 :        pc := 2;
    pc == 1 && x₀ ≠ 0 :        pc := 5;
    pc == 2 && p(x₁, x₂) ≠ 0 :  pc := 3;
    pc == 2 && p(x₁, x₂) == 0 : pc := 4;                    (7.3)
    pc == 3 :                   (x₁ := g(x₂);  pc := 2);
    pc == 4 :                   pc := 6;
    pc == 5 :                   (x₁ := h(x₁);  pc := 6);
    pc == 6 :                   pc := 0;
  }
}
return x₀
```

次に，Gödel 数（定義 7.4，補題 7.6）を用いて，複数の変数を「ひとまとめに」
する．

$$w := G(0, x_0, x_1, x_2) \qquad (\text{*最初の } 0 \text{ は pc の初期値*})$$

```
while (w)₀ ≠ 7 {
  cases {
    (w)₀ == 0 && (w)₃ == 0 :  (w)₀ := 1;
    (w)₀ == 1 && (w)₃ ≠ 0 :  (w)₀ := 7;
    ...                                                       (7.4)
    (w)₀ == 3 :               ((w)₂ := g((w)₃);  (w)₀ := 2);
    ...
  }
}
return (w)₁
```

するとこのプログラムは正規形である．$(w)_i$ では補題 7.6 を用いていることに注
意せよ．すなわち，$(w)_0$ は w がエンコードする自然数列の最初（0 番目）の要素
であり（ここではプログラム・カウンタ），$(w)_1, (w)_2, (w)_3$ は w がエンコード

する自然数列の 1, 2, 3 番目の要素である（ここでは変数 x_0, x_1, x_2 の値）．また，cases 文による場合分けの部分が原始帰納的であることに注意せよ（補題 6.19 による）．

　ここで補題 7.3 を用いることにより，次を得る．

定理 7.8 While プログラムによって計算される部分関数は帰納的である． ∎

　さらに定理 7.1 と組み合わせて，次を得る．

系 7.9 部分関数が while プログラムで計算されることと，帰納的であることは，同値である． ∎

7.1.3 Kleene 標準形定理

　上記の証明では while プログラムの正規化がキーであった．この正規化の結果は，帰納的関数に関する次の帰結をもたらす．

定理 7.10 (Kleene 標準形) $f\colon \mathbb{N}^m \to \mathbb{N}$ を任意の帰納的関数とする．このとき，

$$f(\overrightarrow{x}) = k\big(\overrightarrow{x}, \mu_y.\, q(\overrightarrow{x}, y) = 0\big) \tag{7.5}$$

となるような原始帰納的関数 $q\colon \mathbb{N}^{m+1} \to \mathbb{N}$ および $k\colon \mathbb{N}^{m+1} \to \mathbb{N}$ が存在する．

すなわち，任意の帰納的関数は最小化演算子 μ をちょうど一回用いることで定義できる，というわけである．

(証明) 与えられた帰納的関数 f に対して，これを計算する while プログラムが存在する（定理 7.1）．この while プログラムを（Gödel 数とプログラム・カウンタを使って）正規化すると，補題 7.3 により，この正規形のプログラムが計算する部分関数は (7.5) の形で定義される． ∎

7.2 Church の提題

　系 7.9 においてわれわれは，while プログラムと帰納的関数という二つの計算モデルが同じ能力を持つことをみた．実は，他のさまざまな（自然に定義される）

148   7 帰納的関数と while プログラム

計算モデルについても，20世紀初頭にこれらが互いに同じ能力を持つことが証明
されている（チューリングマシン，λ計算など）．これらの数学的結果によってサ
ポートされるのが，次の「提題 (thesis)」である．

> 部分関数が（実効的に）**計算可能である**とは，その部分関数が帰納的
> 関数であることを指す．

これが **Church の提題**とよばれるものである（**Church–Turing の提題**ともよば
れる）．

　Church の提題における「（実効的に）計算可能である」という概念に対しては，
数学的に正確な定義が存在しないことを注意しておく．（本書第 II 部のイントロダ
クションで述べた「機械にできること」くらいの気持ちである.）すなわち Church
の提題は，

> 「計算可能性」という明確でなっかった概念を，帰納的関数であること
> （すなわち，同値な特徴付けとして，while プログラムやチューリング
> マシン，λ計算などで表現できること）として数学的に正確に定義し
> よう！

という「定義」である．ゆえに Church の提題に対してその真偽を論じたり，真
であることの証明を与えたり，反例を与えて偽であることを示したりすることは
原理的に不可能である．

　定義の真偽を論じることはできないが，定義の「善し悪し」「直観に沿うかどう
か」「理論発展を促す，役に立つ定義であるか」に関する議論は可能である．この
点において，Church の提題は「よい」定義であるといえる：帰納的関数やチュー
リングマシン，λ計算などの複数の取り組みが同値な定義に落ち着いたというこ
とは，これらの定義が計算というものの本質を捉えていることの証左となるので
ある．事実，Church の提題は（ほぼ）あらゆる場面——時代，研究コミュニティ，
その他——で受け入れられている．現代的な文献では，帰納的関数を単に**計算可
能関数**とよぶことも少なくない．

注意 7.11 量子計算は量子デバイス特有の現象——状態の重ね合わせやエンタン
グルメントなど——を用いる計算の新パラダイムである．いくつかの問題は量子
計算アルゴリズムによって（量子でない，古典計算に比して）はるかに高速に解

けると信じられている．たとえば，有名な Shor の量子アルゴリズムは素因数分解問題を多項式時間で解くが，素因数分解問題に対するこれまでに知られた最善の古典アルゴリズムは劣指数時間である[*2]．

このように，量子計算は速度の面で古典計算を拡張するものと考えられている一方，量子計算を考えても Church の提題の正当性はゆるがない，とも広く信じられている．すなわち，速度を無視して計算「可能性」のみを考えた場合，古典計算も量子計算もその能力は変わらない，というわけである．

[*2] ただし，素因数分解問題に対する多項式時間古典アルゴリズムが存在するかどうかは未だオープンプロブレムである．さらにいうと，量子計算量クラス BQP（最も一般に用いられる「量子多項式時間計算量クラス」の定義）と，P や PSPACE, NP といったさまざまな古典計算量クラスとの間を分離するような結果は，これまで得られていない．

8 帰納的関数の性質

8.1 普遍帰納的関数

チューリングマシンや while プログラムなどの他の計算モデルと同様, 帰納的関数においては

帰納的関数自身が帰納的関数を解釈できる

ということがとても重要である. (たとえばプログラミング演習の時間に while プログラムのインタプリタを while プログラムとして書くことを想像してほしい.) この事実はまた, 本章の後のほうで示すさまざまな理論的結果を証明する際の重要なキーとなる. 特に, 停止問題が帰納的でないという有名な結果の証明にあたって対角線論法を用いるのであるが, 対角線論法 (嘘つきのパラドクスのような「自己言及 + 否定的ツイスト」) に必要な「自己言及」のメカニズムを提供するのが上の事実である.

まず普遍帰納的関数の概念を定義するところからはじめよう. 最初は定義するだけであって, 「そのようなものが実際に存在するか?」という問題には触れていないことに注意したい.

定義 8.1 (普遍帰納的関数) 部分関数 comp: $\mathbb{N}^2 \rightharpoonup \mathbb{N}$ が**普遍帰納的関数**であるとは, 任意の $m \in \mathbb{N}$ および任意の帰納的関数 $f: \mathbb{N}^m \rightharpoonup \mathbb{N}$ に対して,

$$\boldsymbol{\lambda}(x_0, \ldots, x_{m-1}).\, \mathrm{comp}\big(p_f, \langle x_0, \ldots, x_{m-1}\rangle\big) \doteq f$$

がなりたつような自然数 $p_f \in \mathbb{N}$ が存在することをいう. この自然数 p_f を帰納的関数 f の**コード**という. ここで $\langle x_0, \ldots, x_{m-1}\rangle = G(x_0, \ldots, x_{m-1}) \in \mathbb{N}$ は自然数列 $(x_0, \ldots, x_{m-1})$ の Gödel 数であったことに注意せよ (定義 7.4, 記法 7.7).

すなわち普遍帰納的関数 comp は, コード p_f を受け取って帰納的関数 f を計算するような**インタプリタ**である[*1]. 関数 comp の項数は 2 に固定されているが,

---

[*1] 正確には, 関数 comp のカリー化がこのようなインタプリタ.

152   8 帰納的関数の性質

comp には任意の項数 m の帰納的関数 f を計算してもらいたい．これを可能にするために，入力列 $(x_0, \ldots, x_{m-1}) \in \mathbb{N}^m$ を Gödel 数 $\langle x_0, \ldots, x_{m-1} \rangle \in \mathbb{N}$ にエンコードして comp に渡しているのである．

定理 8.2 普遍帰納的関数 comp: $\mathbb{N}^2 \rightharpoonup \mathbb{N}$ は存在する．

(証明)（概略）帰納的関数の構成（ゼロ関数や関数合成，原始帰納法，最小化演算子など）を自然数で（Gödel 数の要領で）エンコードすることにより，帰納的関数 f にそのコード $p_f \in \mathbb{N}$ を対応させる．すると普遍帰納的関数 comp の定義を（プログラミングの要領で）書き下すことはむずかしくない．基本的にプログラミングの演習問題であるが，「帰納的関数」というプログラミング言語をもちいて comp を実装しなければならない，というわけである．詳細については文献 [15,17] を参照せよ．∎

注意 8.3 本書では以降，普遍帰納的関数 comp を一つ固定してこれを用いる．

普遍帰納的関数の最初の応用として，帰納的関数の場合分けに関する補題 6.33 の証明を与えよう．ポイントは，「関係のない部分で未定義が発生してしまうこと」を避けるために，コードに対して場合分けを適用することにある．

(証明)（137 ページの補題 6.33 の証明）各 $i \in \{0, 1, \ldots, n-1\}$ について，帰納的関数 g_i のコードを $p_i \in \mathbb{N}$ とおく．ここで次の m 項関数を考えると，これは明らかに全域的帰納的関数である．

$$c := \boldsymbol{\lambda} \overrightarrow{x}. \left[p_0 \cdot \left(1 \dot{-} \chi_{P_0}(\overrightarrow{x}) \right) + \cdots + p_{n-1} \cdot \left(1 \dot{-} \chi_{P_{n-1}}(\overrightarrow{x}) \right) \right]$$

この関数を用いた次のような関数を考える．

$$\boldsymbol{\lambda} \overrightarrow{x}. \mathrm{comp}\big(c(\overrightarrow{x}), \langle \overrightarrow{x} \rangle \big)$$

これが (6.13) の f と一致するのは明らか．∎

注意 8.4 与えられた帰納的関数 $f \colon \mathbb{N}^m \rightharpoonup \mathbb{N}$ に対して，コード p_f が唯一とは限らないことに注意せよ．すなわち，定義によれば，

$$\boldsymbol{\lambda} \overrightarrow{x}. \mathrm{comp}(p, \langle \overrightarrow{x} \rangle) \dot{=} \boldsymbol{\lambda} \overrightarrow{x}. \mathrm{comp}(p', \langle \overrightarrow{x} \rangle)$$

となるような相異なる自然数 $p, p' \in \mathbb{N}$ が存在しうる，というわけである．実際このような $p, p' \in \mathbb{N}$ が存在することは，例 8.11 の帰結として導かれる．

関連する（数学的には当たり前だが，人によってはびっくりするような）注意を述べる．

注意 8.5 任意の $p, m \in \mathbb{N}$ に対して，p はある m 項帰納的関数のコードになっている．実際そのような帰納的関数は

$$\boldsymbol{\lambda}(x_0, \ldots, x_{m-1}).\, \mathsf{comp}(p, \langle x_0, \ldots, x_{m-1} \rangle) : \mathbb{N}^m \rightharpoonup \mathbb{N}$$

によって与えられる．

8.2　停止問題の決定不可能性

本節では，おそらく最も有名な「計算できない問題」であるところの停止問題を扱う．先に述べたように，普遍帰納的関数 comp は以下の対角線論法による証明において本質的な役割を果たす．すなわち，嘘つきのパラドクス（「私の言っていることは嘘である」）に代表される対角線論法の本質を「自己言及 + 否定的ツイスト」とするならば，帰納的関数をそのコードから復元する普遍帰納的関数は，帰納的関数の世界での「自己言及」の手段を与えるのである．

まず最初に，正確な主張を与えておこう．

定理 8.6 2 項述語 halt $\subseteq \mathbb{N}^2$ を次のように定義する．

$$\mathsf{halt}(p, x) \text{ が真} \quad \overset{\text{定義}}{\Longleftrightarrow} \quad \mathsf{comp}(p, x) \text{ の値が定義されている．}$$

するとこの述語 halt は帰納的ではない．

すなわち，述語 halt(p, x) は，コード p があらわす帰納的関数に入力（の Gödel 数）x を与えた際に，この帰納的関数の出力値が定義されている——つまり計算が**停止する**——ことをあらわす．

帰納的述語を**決定可能述語**ともよぶことを思い出そう（定義 6.31）．これは，その述語がなりたつかどうかを「実効的に決定」する手続き（すなわち帰納的関数）が存在することを意味するのである（7.2 節を参照）．上の定理は停止問題が**決定**

154   8 帰納的関数の性質

不可能であることを主張している.

定理 8.6 の証明に進もう. 次の補題が証明の主要部分にあたり, その証明は対角線論法による.

補題 8.7 (全域的) 関数 $\mathrm{comp}^+\colon \mathbb{N}^2 \to \mathbb{N}$ を次のように定義する.

$$\mathrm{comp}^+(p, x) = \begin{cases} y & \mathrm{comp}(p, x) \text{ の値が定義されて } y \text{ であるとき} \\ 0 & \mathrm{comp}(p, x) \text{ の値が定義されないとき} \end{cases}$$

この関数 comp^+ は帰納的でない.

関数 comp^+ は comp の「余白を埋め」て全域的にしたものだと考えられる.

(証明) comp^+ が帰納的であると仮定して, 矛盾を導く. 関数 $\mathrm{diag}\colon \mathbb{N} \to \mathbb{N}$ を次のように定義する.

$$\mathrm{diag}(x) := \mathrm{comp}^+(x, \langle x \rangle) + 1 \tag{8.1}$$

(最後の "+1" が「否定的ツイスト」にあたる.) comp^+ は全域的でかつ帰納的であるため, diag も全域的な帰納的関数である. 特に diag は帰納的関数であるため, そのコード $p_0 \in \mathbb{N}$ がとれる. このとき次がなりたつ.

$$\mathrm{diag} \doteq \boldsymbol{\lambda}x.\, \mathrm{comp}(p_0, \langle x \rangle) \tag{8.2}$$

さらに, 関数 diag は全域的であるから,

$$\text{任意の } x \in \mathbb{N} \text{ に対して } \mathrm{diag}(x) = \mathrm{comp}(p_0, \langle x \rangle)$$

がなりたつ. ここで, diag のコード p_0 自身を diag に入力として与えると (「自己言及」), 次がなりたつ.

$$\mathrm{diag}(p_0) \overset{(8.1)}{=} \mathrm{comp}^+(p_0, \langle p_0 \rangle) + 1 \overset{(8.2)}{=} \mathrm{diag}(p_0) + 1$$

よって矛盾. ∎

(定理 8.6 の証明) 関数 comp^+ は次のように表現することができる.

$$\mathrm{comp}^+(p,x) = \begin{cases} \mathrm{comp}(p,x) & \mathrm{halt}(p,x) \text{ が真のとき} \\ 0 & \mathrm{halt}(p,x) \text{ が偽のとき} \end{cases}$$

仮に halt が帰納的述語であるとすると，補題 6.33 により comp^+ が帰納的関数になってしまう．これは補題 8.7 に矛盾． ∎

この決定不可能性の結果の直観的意味を，再度確認しておこう．この結果は次のような機械（手続き，アルゴリズム）が存在しないことを主張する．

- （入力）プログラムとそれに与える入力値

- （出力）この入力値に対して，このプログラムの計算が停止するかどうか

他にも同種の決定不可能な述語がいくつかあり，たとえば「p は全域的な帰納的関数のコードである」や「p はある（固定された）帰納的関数 f のコードである」[*2] などは決定不可能である（ただしこれらは両方とも p を入力とする 1 項述語）．これらの述語が決定不可能であることは，後（定理 8.10）に示す一般的な結果から示すことができる．

8.3 再 帰 定 理

本節の主題は**再帰定理**という結果である．ここでいう「再帰」と帰納的関数の「帰納」の間には——英語だと "recursion"，"recursive" になってしまい紛らわしいが日本語だとうまい具合に区別されている——直接のテクニカルな類似性は存在しない．再帰定理の意義を直観的に理解するのは少しむずかしいが，「関数の再帰呼び出しが可能であることを示す結果」であると理解することができる．

まず最初に次の，同じくよく知られた結果を紹介する．**パラメータ定理**ともよばれ，こちらの名前のほうが内容をよくあらわしているといえるだろう．

定理 8.8 (s-m-n 定理) $m, n \in \mathbb{N}$ を任意の自然数とする．このとき次をみたすような原始帰納的関数 $\mathcal{S}_n^m : \mathbb{N}^{m+1} \to \mathbb{N}$ が存在する．

[*2] もちろん，f の（関数合成や最小化演算子などを用いた）構成の仕方がわかれば，そこからコード p_f を一つ導くことができる．しかし，他の構成から得られるコード p が，たまたま同じ帰納的関数を計算することがありうる．

任意の $p \in \mathbb{N}$, $\vec{x} \in \mathbb{N}^n$ および $\vec{y} \in \mathbb{N}^m$ に対して,

$$\boldsymbol{\lambda}\,\vec{x}.\,\mathsf{comp}\big(\mathcal{S}_n^m(p, \vec{y}), \langle \vec{x} \rangle\big) \doteq \boldsymbol{\lambda}\,\vec{x}.\,\mathsf{comp}\big(p, \langle \vec{x}, \vec{y} \rangle\big)$$

がなりたつ.

(証明) （概略）コード（自然数）と while プログラムとの間の対応関係を活用して，while プログラムを変形することにより関数 $\mathcal{S}_n^m$ を定義する．より具体的には次のような操作を行う.

- $p \in \mathbb{N}$ および $\vec{y} \in \mathbb{N}^m$ を入力として受け取り,

- まず最初にコード p に対応する while プログラム p （ただし入力は

$$x_0, \ldots, x_{n-1}, x_n, \ldots, x_{n+m-1}$$

の $(n+m)$ 個）を構成し,

- 次にプログラム p の入力の最後の m 個 $x_n, \ldots, x_{n+m-1}$ の値を $\vec{y} \in \mathbb{N}^m$ に固定したプログラムを構成する．こうして得られたプログラムの入力は x_0, $\ldots, x_{n-1}$ の n 個である.

- そののち，このプログラム（の計算する帰納的関数）のコードを出力 $\mathcal{S}_n^m(p, \vec{y})$ とする.

このようにして関数 $\mathcal{S}_n^m : \mathbb{N}^{m+1} \to \mathbb{N}$ を定義するが，ここで行う操作はすべて記号列の操作および自然数のコードからの（または自然数のコードへの）変換であり，最小化演算子または while ループを用いず，結果として $\mathcal{S}_n^m$ は原始帰納的である. ■

「s-m-n 定理」という名前は $\mathcal{S}_n^m$ という記号に由来する．上の定理の内容は直観的には**部分評価の基礎付け**と考えられる：プログラムの入力のうちいくつかを固定すると再度プログラムが得られる，というわけである．この定理は次の特筆すべき結果の証明において用いられる.

定理 8.9 (再帰定理) $f : \mathbb{N} \to \mathbb{N}$ を全域的帰納的関数，$k \in \mathbb{N}$ を任意の自然数とする．このとき次のような自然数 $r \in \mathbb{N}$ が存在する：r と $f(r)$ が同じ k 項帰納的関

数のコードである. すなわち,

$$\boldsymbol{\lambda}\overrightarrow{x}.\,\mathsf{comp}(r,\langle\overrightarrow{x}\rangle) \doteq \boldsymbol{\lambda}\overrightarrow{x}.\,\mathsf{comp}(f(r),\langle\overrightarrow{x}\rangle) \tag{8.3}$$

がなりたつ. ここで $\doteq$ は Kleene 等号である (定義 6.27).

(証明) 次のような (部分的) 帰納的関数 g を考えよう.

$$g(\overrightarrow{x},v) := \mathsf{comp}(f(\mathcal{S}_k^1(v,v)),\langle\overrightarrow{x}\rangle) \tag{8.4}$$

ここでの変数 v の意味は次のように直観的に理解される.

- $(k+1)$ 項帰納的関数のコードであるが,

- その最後の入力は計算に用いる「サブルーチン」のコードである.

すると値 $\mathcal{S}_k^1(v,v)$ は, コード v のあらわす関数において, この関数それ**自身**を「サブルーチン」として**再帰的**に呼び出すような関数のコードとして理解される.

(8.4) の関数 g は帰納的であるので, そのコードを一つ選んで p としよう. すると, 定理で要求される r は $\mathcal{S}_k^1(p,p)$ によって与えられる. 実際,

$$
\begin{aligned}
& \mathsf{comp}(\mathcal{S}_k^1(p,p),\langle\overrightarrow{x}\rangle) \\
&= \mathsf{comp}(p,\langle\overrightarrow{x},p\rangle) && \mathcal{S}_k^1 \text{ の性質により} \\
&= g(\overrightarrow{x},p) && p \text{ は } g \text{ のコードであるため} \\
&= \mathsf{comp}(f(\mathcal{S}_k^1(p,p)),\langle\overrightarrow{x}\rangle) && g \text{ の定義より}
\end{aligned}
$$

がなりたち, 主張が示された. ∎

再帰定理の主張の直観的理解について, (不正確になるにしろ) もう少し言葉を尽くしてみることにする. 定理の関数 $f\colon \mathbb{N}\to\mathbb{N}$ は, コードを受け取ってコードを返すような関数だと理解される. すなわち f は「サブルーチンが一つ未定である (穴になっている) 帰納的関数のコード」と考えられ, 入力 s に対して, s をコードとする関数を (未定の) サブルーチンとして用いるような関数, そのコード $f(s)$ を返すのが関数 f である. ここで (8.3) に立ち戻ると, この Kleene 等号をみたす r は, 上記の「穴あきコード」f の再帰呼び出し $f(f(f(\cdots)))$ であると理解することができる.

158   8　帰納的関数の性質

　再帰定理はそれ自身意義深い一方（関数の再帰呼び出しの基礎を与える），次の便利な結果の証明にも用いられる．この結果によりさまざまな述語の決定不可能性が結論できる．

定理 8.10 (Rice の定理) k を任意の自然数とし，$g: \mathbb{N} \rightharpoonup \mathbb{N}$ を部分関数とする．g が次の条件をすべてみたすならば，g は帰納的関数ではない．

(1) （全域的）任意の $p \in \mathbb{N}$ に対して，$g(p)$ の値が定義されしかも $g(p) \in \{0, 1\}$.

(2) （定数でない）g は定数関数でない．すなわち，自然数 $p_0, p_1 \in \mathbb{N}$ が存在して $g(p_0) = 0$ かつ $g(p_1) = 1$.

(3) （コードとしての同値性を反映）自然数 $p, q \in \mathbb{N}$ が，k 項帰納的関数のコードとして，同じ帰納的関数を表現すると仮定する．すなわち，

$$\boldsymbol{\lambda}\overrightarrow{x}.\, \mathrm{comp}(p, \langle \overrightarrow{x} \rangle) \doteq \boldsymbol{\lambda}\overrightarrow{x}.\, \mathrm{comp}(q, \langle \overrightarrow{x} \rangle): \mathbb{N}^k \rightharpoonup \mathbb{N}$$

がなりたつとする（ここで $\doteq$ は Kleene 等号，定義 6.27）．すると $g(p) = g(q)$.

(証明) 再帰定理（定理 8.9）を用いる．

　g が帰納的であると仮定して，矛盾を導こう．全域的関数 $f: \mathbb{N} \to \mathbb{N}$ を

$$f(x) = \begin{cases} p_1 & g(x) = 0 \text{ のとき} \\ p_0 & g(x) = 1 \text{ のとき} \end{cases} \tag{8.5}$$

と定義しよう（ただし p_0, p_1 は条件 (2) の自然数）．すると補題 6.33 により f は全域的帰納的関数である．再帰定理により，k 項帰納的関数のコード r が存在して r と $f(r)$ が同じ k 項帰納的関数を表現する．よって条件 (3) より $g(r) = g(f(r))$ となる．

　一方で，

- 仮に $g(r) = 0$ とすると，$f(r) = p_1$ より $g(f(r)) = 1$ である．

- 仮に $g(r) = 1$ とすると，$f(r) = p_0$ より $g(f(r)) = 0$ である．

ゆえにどちらにしても $g(r) \neq g(f(r))$ となり，前段落の結論に矛盾する．　∎

上の証明の式 (8.5) が，対角線論法すなわち「自己言及 + 否定的ツイスト」の「ツイスト」を与えていることに注意せよ．

例 8.11 定理 8.10 を用いて，次の事実を示すことができる．各自試みよ．

(1) 次のように定義される述語 $\mathsf{total}_1 \subseteq \mathbb{N}$ は決定不可能である．

$$\mathsf{total}_1(p) \text{ が真} \quad \overset{\text{定義}}{\Longleftrightarrow} \quad \boldsymbol{\lambda} x.\, \mathsf{comp}(p, \langle x \rangle) \text{ は全域的帰納的関数}$$

(2) 次のように定義される述語 $\mathsf{equal}_1 \subseteq \mathbb{N}^2$ は決定不可能である．

$$\mathsf{equal}_1(p, q) \text{ が真} \quad \overset{\text{定義}}{\Longleftrightarrow} \quad \boldsymbol{\lambda} x.\, \mathsf{comp}(p, \langle x \rangle) \doteq \boldsymbol{\lambda} x.\, \mathsf{comp}(q, \langle x \rangle)$$

（ヒント：q を固定して，1 項関数 $\boldsymbol{\lambda} p.\, \mathsf{equal}_1(p, q)$ を考えよ．）

(3) （(2) の帰結として）相異なる自然数 p, q であって同じ 1 項帰納的関数のコードになっている，すなわち

$$\boldsymbol{\lambda} x.\, \mathsf{comp}(p, \langle x \rangle) \doteq \boldsymbol{\lambda} x.\, \mathsf{comp}(q, \langle x \rangle) \quad \text{かつ} \quad p \neq q$$

がなりたつようなものが存在する．

8.4　帰納的枚挙可能述語

これからしばらく，帰納的・計算可能・決定可能な世界から少し先に進み，**帰納的枚挙可能 (RE) 述語**について見てみることにしよう．一般に，帰納的枚挙可能述語は帰納的（すなわち決定可能）ではないが，特に本書での不完全性定理の議論においては重要な役割を果たす．

定義 8.12 (帰納的枚挙可能述語，RE) 述語 $P \subseteq \mathbb{N}^m$ が**帰納的枚挙可能** (recursively enumerable, RE) であるとは，次をみたすような帰納的述語 $Q \subseteq \mathbb{N}^{m+1}$ が存在することをいう．任意の $(x_0, \ldots, x_{m-1}) \in \mathbb{N}^m$ に対して

$P(x_0, \ldots, x_{m-1})$ が真である $\iff$

$\qquad\qquad Q(x_0, \ldots, x_{m-1}, y)$ が真であるような $y \in \mathbb{N}$ が存在する

がなりたつ．

ある集合を「枚挙する」とは，その集合の元を一つひとつ数え上げていくという意味である．次の定理における RE 述語の特徴付けは，この概念の名前について直観を与えてくれるだろう．

160   8 帰納的関数の性質

定理 8.13 $P \subseteq \mathbb{N}^m$ を述語とする. 次の条件は互いに同値.

(1) P は**半決定可能**である. すなわち,

$$f(\vec{x}) = \begin{cases} 0 & P(\vec{x}) \text{ が真であるとき} \\ \text{未定義} & P(\vec{x}) \text{ が偽であるとき} \end{cases}$$

となるような帰納的関数 $f: \mathbb{N}^m \rightharpoonup \mathbb{N}$ が存在する*3.

(2) P は帰納的枚挙可能 (RE) である.

(3) 次をみたすような帰納的関数 $g: \mathbb{N}^m \rightharpoonup \mathbb{N}$ が存在する. dom は domain（定義域）の意.

$$P = \text{dom}(g) = \{\, \vec{x} \in \mathbb{N}^m \mid g(\vec{x}) \text{ の値が定義されている} \,\} \subseteq \mathbb{N}^m$$

(4) 次をみたすような原始帰納的述語 $Q \subseteq \mathbb{N}^{m+1}$ が存在する. 任意の $(x_0, \ldots, x_{m-1}) \in \mathbb{N}^m$ に対して,

$$P(x_0, \ldots, x_{m-1}) \text{ が真である} \iff$$

$$Q(x_0, \ldots, x_{m-1}, y) \text{ が真であるような } y \in \mathbb{N} \text{ が存在する.}$$

さらに $m = 1$ であるとき, 上の条件のそれぞれは次と同値である.

(5) $P \subseteq \mathbb{N}$ は空集合であるか, 原始帰納的関数 $h: \mathbb{N} \to \mathbb{N}$ で

$$P = \text{image}(h) = \{h(x) \mid x \in \mathbb{N}\}$$

となるようなものが存在する.

条件 (1) において関数 f は特性関数 χ_P のように見えるかもしれないがそうではない. 特性関数（定義 1.27）は全域的でなければならないことに注意せよ. また, 帰納的述語の定義（定義 6.31）とも比較せよ. 条件 (4) が意味するのは, 定義 8.12 において実際のところ Q を**原始**帰納的述語に限ってもよかった, ということである.

（証明） $m = 1$ の場合に限って証明を述べる. 一般の m に対しても同様.

---

*3 「$P(\vec{x})$ が真である」とは $\vec{x} \in P$ という意味であった. 定義 6.12 および記法 6.14 を参照.

8.4 帰納的枚挙可能述語　　161

[(1) ⇒ (3)] 条件 (3) の g として，条件 (1) の f をとればよい．

[(3) ⇒ (5)] Kleene の標準形定理（定理 7.10）によって，条件 (3) の帰納的関数 g は次のように表現できる．ここで i, j は原始帰納的関数である．

$$g(x) = i\Big(x, \mu_y.\, \big(j(x, y) = 0\big)\Big)$$

ここで P が空でないと仮定しよう．P の元 $a \in P$ を任意に選んでおく（「ダミー」の値）．いま，数列の Gödel 数（定義 7.4，補題 7.6）を用いると，$j(x, y) = 0$ となる y が存在するような x を，次のように「枚挙する」ことができる．

$$h(x) := \begin{cases} (x)_0 & |x| = 2 \text{ かつ } j\big((x)_0, (x)_1\big) = 0 \text{ のとき} \\ a & \text{それ以外} \end{cases}$$

関数 $j, |\_|, (\_)_i$ がすべて原始帰納的であるので，h も原始帰納的である．また，$\mathrm{image}(h) = P$ がなりたつことも明らか．

[(5) ⇒ (4)] 仮に P が空集合であるならば，$Q = \emptyset$ と定義すれば条件 (4) は明らかにみたされる．P が空集合でないとき，述語 Q を次のように定義する．

$$Q(x, y) \text{ が真} \iff x = h(y).$$

すると

$$x \in \mathrm{image}(h) \tag{8.6}$$

$$\iff x = h(y) \text{ となる } y \in \mathbb{N} \text{ が存在する} \tag{8.7}$$

$$\iff Q(x, y) \text{ となる } y \in \mathbb{N} \text{ が存在する} \tag{8.8}$$

となり，条件 (4) を得る．

[(4) ⇒ (2)] 原始帰納的述語は帰納的述語であるので，明らか．

[(2) ⇒ (1)] $Q \subseteq \mathbb{N}^2$ を

$$P(x) \text{ が真} \iff Q(x, y) \text{ が真であるような } y \in \mathbb{N} \text{ が存在する}$$

であるような帰納的述語としよう．その特性関数 $\chi_Q : \mathbb{N}^2 \to \mathbb{N}$ は全域的帰納的関数である（定義 6.31）．この特性関数を用いて関数 f を次のように定義すると，条件 (1) をみたす．

$$f(x) := 0 \cdot \big(\mu_y.\, \chi_Q(x, y) = 0\big) \tag{8.9}$$

以上によって主張が示された. ∎

条件 (5) によって,われわれはある原始帰納的関数 h を用いて(1 項)帰納的枚挙可能述語 P の要素を「枚挙」することができる:

$$P = \{h(0),\ h(1),\ h(2),\ \ldots\}.$$

さらに条件 (1) から,帰納的述語と帰納的枚挙可能 (RE) 述語の違いについて次のようなインフォーマルな理解が得られる.

- 述語 $P \subseteq \mathbb{N}$ が帰納的であるとは,入力 $\vec{x}$ が与えられたとき,$P(\vec{x})$ が真ならば "yes",偽ならば "no" という答えを有限時間内に与えてくれるような機械(手続き,アルゴリズム)が存在することをいう.

- 述語 $P \subseteq \mathbb{N}$ が RE であるとは,$P(\vec{x})$ が真ならば "yes" という答えを有限時間内に与えるが,$P(\vec{x})$ が偽であるときは何の答えも与えてくれないような機械が存在することをいう.この機械の振る舞いから $P(\vec{x})$ が偽であることを結論することはできないことに注意せよ:10^{10} 分後に答えが未だ得られていないとしても,$(10^{10}+1)$ 分後に答えが得られるかもしれず,よっていつまでも待っていなければならないのである.

帰納的述語のクラスは RE 述語のクラスに含まれることは明らかである(各自試みよ).次の命題では,ある述語が RE であるが帰納的ではないことを示すことにより,この二つのクラスを**分離**——すなわち包含関係が strict であることを証明——する(図 8.1).

命題 8.14 停止性述語 halt $\subseteq \mathbb{N}^2$ は帰納的枚挙可能 (RE) である.

(証明) halt の定義(定理 8.6),定理 8.13 の条件 (3),および普遍帰納的関数 comp が帰納的であることからただちに従う. ∎

図 **8.1** 帰納的述語のクラスと RE 述語のクラスは停止問題によって分離される.

述語 P が RE であるからといって，その否定 $\mathbb{N}^m \setminus P$ が RE であるとは限らない．実際，次の重要な「はさみうち」定理がなりたつ．

定理 8.15 (否定定理) 述語 $P \subseteq \mathbb{N}^m$ に対して次は同値．

(1) P は帰納的である．

(2) P と $\mathbb{N}^m \setminus P$ がともに RE である．

否定定理のおおまかな直観は以下のとおりである．P を半決定する機械 M_1 と，$\neg P$ を半決定する機械 M_2 の両方があるとしよう．すなわち，M_1 は $\vec{x}$ を入力とし，$P(\vec{x})$ が真ならば有限時間内にそう教えてくれるが，$P(\vec{x})$ が偽ならばずっと沈黙したままである．M_2 も同様．このとき入力 $\vec{x}$ に対し，二つの機械 M_1 と M_2 を並列実行すれば，どちらかが有限時間内に回答するはずであり，$P(\vec{x})$ が真か偽かがわかる．

(証明) [(1) $\Rightarrow$ (2)] 帰納的述語全体のクラスは否定について閉じており，また，帰納的であれば RE である．

[(2) $\Rightarrow$ (1)] 条件より，帰納的述語 $Q, R \subseteq \mathbb{N}^{m+1}$ が存在して次をみたす：任意の $\vec{x} \in \mathbb{N}^m$ に対して

$$P(\vec{x}) \text{ が真} \iff Q(\vec{x}, y) \text{ が真であるような } y \in \mathbb{N} \text{ が存在,} \tag{8.10}$$

$$P(\vec{x}) \text{ が偽} \iff R(\vec{x}, y) \text{ が真であるような } y \in \mathbb{N} \text{ が存在.} \tag{8.11}$$

いま述語

$$\boldsymbol{\lambda}(\vec{x}, y). \left(Q(\vec{x}, y) \vee R(\vec{x}, y) \right)$$

を考えると，これはふたたび帰納的である（補題 6.32）．ゆえに次のように定義される関数 $g \colon \mathbb{N}^m \to \mathbb{N}$ は帰納的関数．

$$g(\vec{x}) := \mu_y . Q(\vec{x}, y) \vee R(\vec{x}, y)$$
$$= \mu_y . \chi_{Q \vee R}(\vec{x}, y) = 0$$

ここで g が全域的関数であることが重要である．実際，各 $\vec{x} \in \mathbb{N}^m$ に対して，述語 P は真であるか偽であるかのどちらかであるため，(8.10), (8.11) のうちのちょうど一つが真である．

164   8 帰納的関数の性質

この関数 g を用いて，述語 $S \subseteq \mathbb{N}^m$ を次のように定義する．

$$S(\vec{x}) \text{ が真} \quad \overset{\text{定義}}{\Longleftrightarrow} \quad Q\big(\vec{x}, g(\vec{x})\big) \text{ が真} \tag{8.12}$$

この述語 S は明らかに帰納的である（Q と g がともに帰納的であるため）．関数 g が全域的であることにも注意せよ．

以下，S が P に一致することを示す．任意の $\vec{x} \in \mathbb{N}^m$ をとる．

- 仮に $P(\vec{x})$ が真であるとする．すると (8.10), (8.11) により，
  - $Q(\vec{x}, y)$ が真であるような $y \in \mathbb{N}$ が存在し，また，
  - $R(\vec{x}, y)$ が真であるような $y \in \mathbb{N}$ は存在しない．

  ゆえに $g(\vec{x})$ は $Q\big(\vec{x}, g(\vec{x})\big)$ が真であるような値である．すなわち $S(\vec{x})$ は真．

- 次に $P(\vec{x})$ が偽であるとする．すると (8.10) によって，$Q(\vec{x}, y)$ は任意の $y \in \mathbb{N}$ に対して偽となる．すると特に $Q\big(\vec{x}, g(\vec{x})\big)$ は偽であり，よって $S(\vec{x})$ は偽．

以上によって主張が示された．   ■

注意 8.16 いま見てきたものは**算術階層**の最初の二つである．実は，これまで見てきた帰納的な述語（クラス Δ^0_1）と RE 述語（クラス Σ^0_1）の上に，次のような「はしご」のような階層が存在するのである．上に行けばいくほど「計算が複雑に」なる．この階層についてはたとえば文献 [6] を参照．

$$
\begin{array}{ccc}
\vdots & & \vdots \\
\searrow & & \swarrow \\
& \Delta^0_3 & \\
\nearrow & & \nwarrow \\
\Sigma^0_2 & & \Pi^0_2 \\
\nwarrow & & \nearrow \\
& \Delta^0_2 & \\
\searrow & & \swarrow \\
\Sigma^0_1 & & \Pi^0_1 \\
\nwarrow & & \nearrow \\
& \Delta^0_1 &
\end{array}
$$

8.4 帰納的枚挙可能述語　　165

このようにしてはじまる理論体系が**再帰理論** (recursion theory) とよばれる理論であり, そこでは帰納的関数より複雑さが上の「計算量クラス」が研究の対象である. 一方で, われわれが普段耳にする計算量クラス (P, NP, EXPTIME, PSPACE など) はすべて帰納的であり, ゆえに上の階層でいえばクラス Δ_1^0 の中の話である.

図 8.1 のように, RE 述語のクラスと帰納的述語のクラスは停止問題によって分離される. 同様に, 帰納的述語のクラスと原始帰納的述語のクラス (PR, 定義 6.13) も分離される. 次の (いささかテクニカルな) 証明は対角線論法の演習である. 初見の読者は飛ばしてもかまわない.

命題 8.17 帰納的述語であって, 原始帰納的 (PR) でないものが存在する.

(証明) (概要) 帰納的であるが PR ではない述語 $Q \subseteq \mathbb{N}$ を次のように構成しよう. まず, 1 項述語 PRP $\subseteq \mathbb{N}$ を次のように定義する.

$$\text{PRP} := \left\{ p \;\middle|\; \begin{array}{l} \text{ある 1 項 PR 述語 } P \text{ に対して, } p \text{ はその} \\ \text{特性関数 } \chi_P \text{ の (PR 関数としての)} \\ \text{構成のエンコーディングになっている} \end{array} \right\}.$$

すると述語 PRP $\subseteq \mathbb{N}$ は帰納的であることが示せる. この証明——および「(PR 関数としての) 構成のエンコーディングになっている」の正確な定義——は, 普遍帰納的関数 comp の具体的構成に依存する.

(ここで, 集合 PRP は次の集合 PRP$'$ の真部分集合になっていることに注意しておく.

$$\text{PRP}' := \left\{ p \;\middle|\; \begin{array}{l} \text{ある 1 項 PR 述語 } P \text{ に対して, } p \text{ はその} \\ \text{特性関数 } \chi_P \text{ のコードである} \end{array} \right\}.$$

PRP$'$ が PRP よりも大きくなりうるのは, 最小化演算子を用いて定義した再帰関数がたまたま PR になっていることがおこりうるからである. 実際, Rice の定理によって述語 PRP$'$ は帰納的ではない.)

さてここで, 帰納的述語 PRP $\subseteq \mathbb{N}$ の要素を「列挙する」ことが可能である. 正確には, 帰納的関数 enumPRP: $\mathbb{N} \to \mathbb{N}$ が存在して

$$\text{PRP} = \text{image}(\text{enumPRP})$$

がなりたつ．この帰納的関数 enumPRP は最小化演算子 μ を用いて具体的に構成することもできるし，または定理 8.13 の条件 (5) を用いてもよい（PRP は帰納的であるため RE でもある）．

ここで次の関数 $f\colon \mathbb{N}^2 \to \mathbb{N}$ を考えよう．

$$f(x, y) := \mathrm{comp}\bigl(\mathrm{enumPRP}(x), y\bigr)$$

f は明らかに帰納的である．また f は全域的である：実際，任意の x に対して enumPRP$(x) \in \mathrm{image}(\mathrm{enumPRP}) = \mathrm{PRP}$ がなりたつため，enumPRP(x) は全域関数 χ_P（ただし P はある PR 述語）のコードになっている．ゆえに，述語 $Q \subseteq \mathbb{N}$ を

$$Q(x) \text{ が真} \quad \overset{\text{定義}}{\Longleftrightarrow} \quad f(x, x) = 0 \tag{8.13}$$

のように定義すると，Q は帰納的述語である．

以下，Q が PR でないことを示す．仮に Q が PR であるとしよう．すると，PR 述語のクラスがブール演算について閉じていることにより（補題 6.16）$\neg Q$ も PR である（「否定的ツイスト」）．ゆえに enumPRP(x_0) が特性関数 $\chi_{\neg Q}$ のコードであるような自然数 $x_0 \in \mathbb{N}$ が存在する．いま，x_0 それ自身を Q（および $\neg Q$）に入力として与えることを考えると（「自己言及」），次がなりたつ．

$(\neg Q)(x_0)$ が真

$\Longleftrightarrow \quad \mathrm{comp}\bigl(\mathrm{enumPRP}(x_0), x_0\bigr) = 0 \quad$ enumPRP(x_0) が $\chi_{\neg Q}$ のコードであるため

$\Longleftrightarrow \quad Q(x_0)$ が真 $\qquad\qquad$ (8.13) より

これは矛盾である． ∎

次の基本的な事実は次章で用いられる．

命題 8.18 述語 $P \subseteq \mathbb{N}^m$ と，部分関数 $f_0, \ldots, f_{m-1}\colon \mathbb{N}^n \to \mathbb{N}$ に対し，述語

$$\boldsymbol{\lambda} \overrightarrow{x}.\, P\bigl(f_0(\overrightarrow{x}), \ldots, f_{m-1}(\overrightarrow{x})\bigr)$$

を

$$P\bigl(f_0(\overrightarrow{x}), \ldots, f_{m-1}(\overrightarrow{x})\bigr) \text{ が真} \quad \overset{\text{定義}}{\Longleftrightarrow}$$
$$f_0(\overrightarrow{x}), \ldots, f_{m-1}(\overrightarrow{x}) \text{ の値がすべて定義され，}$$

かつ $P\big(f_0(\overrightarrow{x}),\ldots,f_{m-1}(\overrightarrow{x})\big)$ が真

によって定義する.

(1) $P \subseteq \mathbb{N}^m$ を帰納的述語とし，$f_0,\ldots,f_{m-1}\colon \mathbb{N}^n \to \mathbb{N}$ を**全域的**帰納的関数とする．このとき，上記の述語 $\boldsymbol{\lambda}\overrightarrow{x}.\,P\big(f_0(\overrightarrow{x}),\ldots,f_{m-1}(\overrightarrow{x})\big)$ は帰納的である．

(2) $P \subseteq \mathbb{N}^m$ を帰納的枚挙可能述語とし，$f_0,\ldots,f_{m-1}\colon \mathbb{N}^n \to \mathbb{N}$ を帰納的関数とする．このとき，上記の述語 $\boldsymbol{\lambda}\overrightarrow{x}.\,P\big(f_0(\overrightarrow{x}),\ldots,f_{m-1}(\overrightarrow{x})\big)$ は帰納的枚挙可能である．

(証明) 証明は易しいので各自試みよ．(2) は定理 8.13 の条件 (1) を用いるとよい．∎

9 Gödelの不完全性定理

9.1 述語論理における理論

まず，第5章の述語論理に関する部分に関して，議論をもう少し進めることにする．これは本章の後のほうで必要になる．

定義 9.1 (理論のもとでの恒真性) Φ を理論とする（定義5.3，各元 $A \in \Phi$ は閉論理式であったことに注意）．論理式 A が**理論 Φ のもとで恒真**であるとは，Φ の任意のモデル $\mathbb{S}$（定義5.16）に対して

$$\mathbb{S} \models A$$

がなりたつことをいう．このことを $\Phi \models A$ と書きあらわす．

次の事実を後で用いる．ここで A は閉論理式（すなわち自由変数を持たない論理式）である．

補題 9.2 閉論理式 A，構造 $\mathbb{S}$ および $\mathbb{S}$ 上の任意の付値 J, J' に対して，

$$[\![A]\!]_{\mathbb{S},J} = [\![A]\!]_{\mathbb{S},J'} \tag{9.1}$$

がなりたつ．その結果

$$\mathbb{S} \models A \text{ または } \mathbb{S} \models \neg A$$

のどちらか一方がなりたつ．

(証明) 主張の前半は補題2.28からただちに従う．後半に関して，$\mathbb{S} \not\models A$ と仮定しよう．すると定義4.23によって，$[\![A]\!]_{\mathbb{S},J} = \text{ff}$ となるような付値 J が存在する．このとき $[\![\neg A]\!]_{\mathbb{S},J} = \text{tt}$ であり，さらに (9.1) によって，$[\![\neg A]\!]_{\mathbb{S},J'} = \text{tt}$ が任意の付値 J' に対してなりたつ．ゆえに $\mathbb{S} \models \neg A$ を得る． ■

次は強完全性（定理5.11）の帰結である．

– 169 –

170   9 Gödel の不完全性定理

定理 9.3 (強完全性定理の言い換え) Φ を述語論理の理論とする（定義 5.3）．すると任意の論理式 A に対して次がなりたつ．

$$\Phi \vdash A \iff \Phi \models A$$

$\Phi \vdash A$ は A が Φ の非論理公理を使いながら（LK で）導出可能であることをあらわすのであった（定義 5.5）．$\Phi \models A$ は定義 9.1 で定義した．

(証明) 以下，A を閉論理式に制限してよい．実際，$\forall \vec{x}. A$ を（閉とは限らない）論理式 A の全称閉包とすると（定義 5.4），

$$\Phi \vdash A \iff \Phi \vdash \forall \vec{x}. A,$$
$$\Phi \models A \iff \Phi \models \forall \vec{x}. A$$

がなりたつことが簡単に示せる．よって A が閉でない場合は，全称閉包 $\forall \vec{x}. A$ に対して定理の主張を適用すれば，A に対しての主張がすぐに従う．

次がすべて同値であることを示す．

(1) $\Phi \vdash A$

(2) $\Phi \cup \{\neg A\}$ は矛盾している（無矛盾でない，定義 5.7）

(3) $\Phi \cup \{\neg A\}$ が充足不可能（充足可能でない，定義 5.9）

(4) $\Phi \models A$

[(1) $\Rightarrow$ (2)] 理論 Φ のもとでの A の証明木を一つ選び Π とする．すると次の証明木は理論 $\Phi \cup \{\neg A\}$ のもとで空シーケント $\Rightarrow$（すなわち矛盾）を導く：

$$
\cfrac{
  \cfrac{\vdots \ \Pi}{\Rightarrow A} \quad \cfrac{}{\Rightarrow \neg A}\text{(公理)}
}{
  \cfrac{\Rightarrow A \land \neg A}{}\text{(}\land\text{-右)}
}
\quad
\cfrac{
  \cfrac{\cfrac{}{A \Rightarrow A}\text{(始)}}{\cfrac{A, \neg A \Rightarrow}{A \land \neg A \Rightarrow}\text{(}\neg\text{-左)}}\text{(}\land\text{-左)}
}{}
$$
$$\Rightarrow \qquad (\text{カット})$$

[(2) $\Rightarrow$ (1)] Π' を理論 $\Phi \cup \{\neg A\}$ のもとでの $\Rightarrow$ の証明木とする．この Π' に対し以下の操作を次々に施して得るものを Π'' とする．

- Π' の各シーケントの右辺に論理式 A を加える．

- 木としての Π' の葉において，(公理) 規則を用いて $\Rightarrow \neg A$ を導出している ものに注目する．すなわち

$$\overline{\Rightarrow \neg A} \ \text{(公理)}$$

の形をしているものである．上記の操作によりこれは

$$\overline{\Rightarrow \neg A, A}$$

に変形された．これを次のものにとりかえる．

$$\cfrac{\overline{A \Rightarrow A} \ \text{(始)}}{\Rightarrow \neg A, A} \ \text{($\neg$-右)}$$

- Π' のその他の葉に関しては，適宜 (弱化) 規則を用いる．

すると理論 Φ のもとでの証明木 Π'' が得られる．その根はシーケント $\Rightarrow A$ である．

[(2) $\Leftrightarrow$ (3)] 定理 5.11 による．

[(3) $\Rightarrow$ (4)] 背理法による．$\mathbb{S}, J$ を，$\mathbb{S}$ が Φ のモデルであり（定義 5.16），また $[\![A]\!]_{\mathbb{S},J} = \text{ff}$ となるようにとる．すると $\mathbb{S}$ と J は理論 $\Phi \cup \{\neg A\}$ の非論理公理すべてを真にするので，条件 (3) に矛盾する．

[(4) $\Rightarrow$ (3)] $\Phi \cup \{\neg A\}$ が充足可能であるとして，矛盾を導く．$\mathbb{S}$ と J が理論 $\Phi \cup \{\neg A\}$ のすべての非論理公理を真にすると仮定する．すなわち，

$$\text{任意の } B \in \Phi \text{ に対して } [\![B]\!]_{\mathbb{S},J} = \text{tt}$$
$$[\![A]\!]_{\mathbb{S},J} = \text{ff} \tag{9.2}$$

と仮定する．任意の $B \in \Phi$ は仮定より閉論理式であるから，

$$\text{任意の } J' \text{ に対し } [\![B]\!]_{\mathbb{S},J'} = \text{tt}$$

がなりたつ（補題 9.2）．これは $\mathbb{S}$ が理論 Φ のモデルであることを示す．一方で (9.2) より $\mathbb{S} \not\models A$ であるから $\Phi \not\models A$．これは条件 (4) に矛盾． ∎

9.2　不完全性とは？

本章の主題は「不完全性」であるが，一方で定理 4.29, 4.30 において（述語論理のための）LK が健全かつ完全であることを証明した．この「完全性」と「不完

全性」はどのように両立するのであろうか？

定理 4.30 の健全性と完全性は次のような意味であった：LK で導出可能な論理式は，ちょうど，任意の構造 $\mathbb{S}$ で恒真な論理式と一致する．

$$\vdash A \quad \overset{\text{健全性}}{\underset{\text{完全性}}{\rightleftarrows}} \quad \models A \quad \overset{\text{定義より}}{\Longleftrightarrow} \quad \text{任意の } \mathbb{S} \text{ に対し } \mathbb{S} \models A \tag{9.3}$$

定理 9.3 においてわれわれは次のより強い結果を得た．

$$\Phi \vdash A \quad \overset{\text{健全性}}{\underset{\text{強完全性}}{\rightleftarrows}} \quad \Phi \models A \quad \overset{\text{定義より}}{\Longleftrightarrow} \quad \text{任意の } \mathbb{S} \in \mathrm{Mod}(\Phi) \text{ に対して } \mathbb{S} \models A$$

$$\tag{9.4}$$

ここで少し話を変えて，このような述語論理の形式体系（すなわち LK と理論 Φ）を用いて「普通の数学」を行いたいとしよう．そのためにまず「普通の数学」の最小部分として，自然数に関する**算術** (arithmetic) について考えよう．以下，関数記号と述語記号を次のように固定する．

$$\mathbf{FnSymb_a} = \{0,\ \mathsf{s},\ +,\ \cdot\}, \quad \mathbf{PdSymb_a} = \{=,\ <\} \tag{9.5}$$

それぞれの記号の項数は明らかであろう．s は後者関数を意図する 1 項関数記号である．

この場合しかし，(9.4) の図式はあまり有用ではない．というのは，われわれは「Φ の任意のモデル $\mathbb{S}$」に興味があるのではなく，その中の特定の一つ——すなわち自然数全体の集合 $\mathbb{N}$ と，その上での $0, <$ などの記号の一般的な解釈——に興味があるのである．これ以外のモデル，すなわち**超準構造**はいまはあまり重要ではない．つまり，(9.4) の代わりに次の図式が重要になるのである．

$$\Phi \vdash A \quad \overset{??}{\Longleftrightarrow} \quad \mathbb{N} \models A \tag{9.6}$$

ここでの問題は，(9.6) がなりたつような適切な非論理公理の集合 Φ（すなわち理論）を見つけることにある．そして残念ながら，Gödel の不完全性定理の示すことは，Φ を「あまり変ではない」集合の中から探す限り，このような Φ は存在せずどんなにがんばってもこれを見つけることはできない，というネガティブな事実である．

実は，Φ として**任意の理論**を許すのであれば，

$$\Phi_{\mathsf{ArithTruth}} = \{A \mid A \text{ は閉論理式であり，かつ } \mathbb{N} \models A\} \tag{9.7}$$

の理論を考えるとこれは (9.6) をみたす．しかしこれは「ズル」である：与えられた論理式 A が（非論理）公理であるか否かを，この理論 $\Phi_{\mathsf{ArithTruth}}$ に対してどのように判定するのであろうか？ そもそも (9.6) の意義は「自然数の集合 $\mathbb{N}$ における論理式 A の真偽を，理論 Φ と LK という構文論的な『機械』をもって特徴付ける」というものであるから，理論 Φ として上の $\Phi_{\mathsf{ArithTruth}}$ をとってしまっては，マッチポンプの感が否めない．つまり理論 $\Phi_{\mathsf{ArithTruth}}$ は（ここでのわれわれの目的に対しては）「あまりに変な」理論であるといわざるをえない．

これまでに学んできた計算可能性の理論が役に立つのはまさにこのポイントにおいてである．すなわち，理論 Φ が「あまり変ではない」という概念を，数学的に正確に，「論理式 A が Φ の（非論理）公理か否かを実効的に（帰納的に）決定可能である」ことによって定義するのである．このような理論を**帰納的に公理化された理論**とよぶ．

すると Gödel の不完全性定理の主張は次のように理解することができる．帰納的に公理化された理論 Φ は閉論理式を次のように分類するが[*1]，

$$\{\text{閉論理式全体}\} = \{A \mid \Phi \vdash A\} \sqcup \{A \mid \Phi \not\vdash A\} \tag{9.8}$$

この分類の「切り口」は，次の自然数構造における真偽値による分類

$$\{\text{閉論理式全体}\} = \{A \mid \mathbb{N} \models A\} \sqcup \{A \mid \mathbb{N} \not\models A\}$$

の切り口よりも必ず**より単純**になってしまい，ゆえに（帰納的に公理化された理論 Φ をどううまく選んでも）二つの切り口を一致させることはできないのである．図 9.1 を参照せよ．

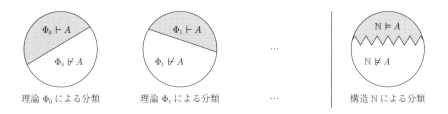

図 9.1 閉論理式全体の集合の分類の切り口の複雑さ．

[*1] 閉論理式に制限する理由は補題 9.2 である．

174   9 Gödel の不完全性定理

注意 9.4 以上に述べたあらましは，不完全性の結果の歴史的経緯や一般的な記述とは大きく異なることを注意しておく．一般的な記述において，「不完全性定理」における「完全性」は（後に述べる定義 9.5 の意味で）まったく構文論的な性質であり，構造 N などという意味論的な実体には言及しない．そしてこの場合，Gödel の不完全性定理の主張は次のようになる．

> （定義 9.5 の意味で）完全で，帰納的に公理化されており，さらに無
> 矛盾な，Peano（ペアノ）算術の拡張は存在しない．

これは **Gödel の第一不完全性定理**とよばれる[*2]．この主張の中に現れる性質（たとえば無矛盾性，定義 5.7）はすべて構文論的性質であることに注意されたい．一方で構造 N は意味論的で無限の（ゆえに論理学・数学基礎論における「有限の立場」ではそのまま受け入れることが困難な）対象である．

無限集合 N のような「ばけもの」の実在性や正当性に関してそもそも懐疑的な立場からは，われわれが用いる不完全性の主張（定理 9.17）は意味をなさない．また，本書の形の不完全性（定理 9.17）は上記の第一不完全性定理からただちに従う．

それでもなお，本書でこの（意味論的対象を含む，そしてより弱い）主張を用いることにしたのは，その証明において（Peano 算術や ω**-無矛盾性**の概念などの）技術的詳細が不要になり，議論が大幅に単純化されるからである．本来の不完全性定理の主張については文献 [6, 16] などを参照せよ．より深く学びたい読者には文献 [4, 12] が薦められる．

9.3 理論の複雑さ

ここで用いる「完全性」の概念を次に定義するが，これは第 2 章から第 5 章までで議論した（LK などの）演繹体系の完全性の概念とは別物であることに注意されたい．

定義 9.5 ((理論の) 完全性) 理論 Φ が**完全**であるとは，任意の閉論理式 A に対して

$$\Phi \vdash A \ \text{または} \ \Phi \vdash \neg A$$

[*2] 正確には，この定理の「無矛盾」という仮定を「ω-無矛盾」というより強い仮定に置き換えたものが Gödel の第一不完全性定理であり（1930 年），「無矛盾」の仮定での不完全性定理を示したのは John Barkley Rosser である（1936 年）．

のちょうど一つ（のみ）が成立することをいう.

完全な理論は特に無矛盾である（定義 5.7）.

上の完全性の定義においては，論理式 A として閉論理式（すなわち自由変数の
ない論理式）のみを考えた. これは補題 9.2 と対応する.

構造を一つ固定すると，これは完全な理論をひきおこす.

補題 9.6 $\mathbb{S}$ を任意の構造とする（定義 4.20）. 理論 $\Phi_{\mathbb{S}}$ を

$$\Phi_{\mathbb{S}} := \{A \mid \mathbb{S} \models A\}$$

によって定めると，これは完全である.

(証明) A を任意の閉論理式とする. $\mathbb{S} \models A$ であるとすると明らかに $\Phi_{\mathbb{S}} \vdash A$（(公
理) 規則を用いてただちに導出できる）.

$\mathbb{S} \not\models A$ とすると，補題 9.2 より $\mathbb{S} \models \neg A$ であるから，$\neg A \in \Phi_{\mathbb{S}}$ である. ゆえに
上と同様に (公理) 規則を用いることにより，$\Phi_{\mathbb{S}} \vdash \neg A$ を得る. ∎

次に，理論が帰納的に公理化されていることの数学的な定義に進もう. 本書では
計算可能性の概念を自然数上の（帰納的）関数を用いて定義したため，ここでは論理
式を自然数にエンコードする必要がある. $\langle x_0, \ldots, x_{m-1} \rangle = G(x_0, \ldots, x_{m-1}) \in \mathbb{N}$
は数列 $(x_0, \ldots, x_{m-1})$ の Gödel 数をあらわすことを思い出そう（定義 7.4，記法
7.7）.

定義 9.7 (述語論理の構文論的対象の Gödel 数) 述語論理の項と論理式の，自然
数への（単射的な）エンコーディング $\ulcorner \_ \urcorner$ を，次のように帰納的に定める[*3].

$$\ulcorner x_0 \urcorner := \langle 0, 0 \rangle, \quad \ulcorner x_1 \urcorner := \langle 0, 1 \rangle, \quad \ulcorner x_2 \urcorner := \langle 0, 2 \rangle, \ \ldots$$

$$\ulcorner 0 \urcorner := \langle 1, 0 \rangle, \quad \ulcorner \mathsf{s}(t) \urcorner := \langle 2, \ulcorner t \urcorner \rangle, \quad \ulcorner t + t' \urcorner := \langle 3, \ulcorner t \urcorner, \ulcorner t' \urcorner \rangle,$$

$$\ulcorner t \cdot t' \urcorner := \langle 4, \ulcorner t \urcorner, \ulcorner t' \urcorner \rangle$$

$$\ulcorner t = t' \urcorner := \langle 5, \ulcorner t \urcorner, \ulcorner t' \urcorner \rangle, \quad \ulcorner t < t' \urcorner := \langle 6, \ulcorner t \urcorner, \ulcorner t' \urcorner \rangle$$

$$\ulcorner A \wedge B \urcorner := \langle 7, \ulcorner A \urcorner, \ulcorner B \urcorner \rangle, \quad \ulcorner A \vee B \urcorner := \langle 8, \ulcorner A \urcorner, \ulcorner B \urcorner \rangle, \ \ldots$$

$$\ulcorner \forall x_i. A \urcorner := \langle 11, i, \ulcorner A \urcorner \rangle, \quad \ulcorner \exists x_i. A \urcorner := \langle 12, i, \ulcorner A \urcorner \rangle$$

[*3] 関数記号と述語記号を (9.5) のように固定していたことに注意.

176   9 Gödel の不完全性定理

ここで $x_0, x_1, \ldots$ は変数集合 **Var** の数え上げである.

　以下,論理式 A に対して,自然数「A」を A の **Gödel 数** とよぶことにする.

　上ではエンコーディング「_」を一つ具体的に与えたが,実はその正確な定義は重要でなく,他にもわれわれの目的に適合する「_」の具体的な構成は存在する.ともかく「_」について今後重要になる性質を列挙しておく.まず,「_」は関数としては

$$\ulcorner \_ \urcorner : \mathbf{Terms} \sqcup \mathbf{Fml} \hookrightarrow \mathbb{N}$$

の型を持ち,特に相異なる項・論理式が同じ自然数に写されることはない.

　次の事実も重要である.

補題 9.8　(1) 述語 $\mathsf{fml} \subseteq \mathbb{N}$ を

$$\mathsf{fml}(x) \text{ が真} \quad \overset{\text{定義}}{\Longleftrightarrow} \quad x = \ulcorner A \urcorner \text{ となる論理式 } A \text{ が存在する}$$

と定義すると,fml は帰納的述語.

(2) 次のように定義する関数 neg, univClosure, subst はすべて帰納的.ただし $\forall \vec{x}.A$ は A の全称閉包をあらわす(定義 5.4).

$$\mathsf{neg}(x) := \begin{cases} \ulcorner \neg A \urcorner & x = \ulcorner A \urcorner \text{ のとき} \\ 0 & \mathsf{fml}(x) \text{ が偽であるとき} \end{cases}$$

$$\mathsf{univClosure}(x) := \begin{cases} \ulcorner \forall \vec{x}.A \urcorner & x = \ulcorner A \urcorner \text{ であるとき} \\ 0 & \mathsf{fml}(x) \text{ が偽であるとき} \end{cases}$$

$$\mathsf{subst}(x, y, z) := \begin{cases} \ulcorner A[t/u] \urcorner & \text{ある } A \in \mathbf{Fml}, t \in \mathbf{Terms}, u \in \mathbf{Var} \text{ に対して} \\ & x = \ulcorner A \urcorner, y = \ulcorner t \urcorner \text{ かつ } z = \ulcorner u \urcorner \text{ であるとき} \\ 0 & \text{それ以外のとき} \end{cases}$$

(3) $0 \in \mathbb{N}$ はどの論理式の Gödel 数でもない.すなわち

$$\text{任意の } A \in \mathbf{Fml} \text{ に対して } \ulcorner A \urcorner \neq 0$$

である.　　　　　　　　　　　　　　　　　　　　　　　　　　　　　　　■

9.3 理論の複雑さ　　177

すなわち，(1) 与えられた自然数が何かの論理式の Gödel 数になっているかどうかは実効的に決定可能であり，また (2) 否定をとったり，全称閉包や置換を行うような構文論的操作は，Gödel 数の世界で実効的に再現できる，というわけである．

定義 9.9 (帰納的に公理化された理論)　理論 Φ が**帰納的に公理化されている**とは，次のように定義される述語 $\mathsf{axiom}_\Phi \subseteq \mathbb{N}$ が帰納的であることをいう．

$$\mathsf{axiom}_\Phi(x) \text{ が真} \quad \overset{\text{定義}}{\Longleftrightarrow} \quad x = \ulcorner A \urcorner \text{ となる公理 } A \in \Phi \text{ が存在する．} \tag{9.9}$$

$\mathsf{axiom}_\Phi(x)$ が偽である場合，その理由は

- x が論理式の Gödel 数でないか，あるいは

- $x = \ulcorner B \urcorner$ だが $B \notin \Phi$,

という二つがあることに注意せよ．

定義 9.10 (演繹閉包)　Φ を理論とする．Φ の**演繹閉包** $\overline{\Phi}$ とは，

$$\overline{\Phi} := \{A \mid \Phi \vdash A\}$$

によって定義される理論 $\overline{\Phi}$ のことをいう．ここで $\Phi \vdash A$ は Φ のもとでの導出可能性をあらわすのであった（定義 5.5）．

　次の結果は演繹体系の「複雑さ」の上限について述べたものであり，本章の議論において本質的である．

定理 9.11　Φ を帰納的に公理化された理論とする．すると，次のように定義された述語 thm_Φ は帰納的枚挙可能 (RE) である．

$$\mathsf{thm}_\Phi(x) \text{ が真} \quad \overset{\text{定義}}{\Longleftrightarrow} \quad x = \ulcorner A \urcorner \text{ かつ } \Phi \vdash A \text{ となるような論理式 } A \text{ が存在する．}$$
$$\tag{9.10}$$

(証明)　（概略）

- まず，Gödel 数の定義を項・論理式から証明木に拡張する．これはむずかし

くない：たとえば，証明

$$
\Pi = \left(
\begin{array}{c}
\vdots\ \Pi' \qquad \vdots\ \Pi'' \\
\dfrac{\Gamma \Rightarrow \Delta, C \quad \Gamma \Rightarrow \Delta, D}{\Gamma \Rightarrow \Delta, C \wedge D}\ (\wedge\text{-右})
\end{array}
\right)
$$

（ただし $\Gamma \equiv A_0, \ldots, A_{m-1}$ かつ $\Delta \equiv B_0, \ldots, B_{n-1}$）の Gödel 数を

$\ulcorner \Pi \urcorner :=$

$\langle 2, \langle \ulcorner A_0 \urcorner, \ldots, \ulcorner A_{m-1} \urcorner \rangle, \langle \ulcorner B_0 \urcorner, \ldots, \ulcorner B_{n-1} \urcorner, \ulcorner C \wedge D \urcorner \rangle, \ulcorner \Pi' \urcorner, \ulcorner \Pi'' \urcorner \rangle$

と定めるような構成が可能．ここで，最初の "2" は (∧-右) 規則に対応する
ラベルである．

- 述語 $\mathsf{prf}_\Phi \subseteq \mathbb{N}^2$ を

  $\mathsf{prf}_\Phi(x, y)$ が真 $\overset{\text{定義}}{\iff}$

  $\left(
  \begin{array}{l}
  x = \ulcorner A \urcorner,\ y = \ulcorner \Pi \urcorner \text{ であり，} \Pi \text{ は } \Phi \text{ の公理を用いた LK の証明木} \\
  \text{であって，さらに } \Pi \text{ の根はシーケント} \Rightarrow A \text{ である}
  \end{array}
  \right)$

  によって定義すると，（関数 comp が帰納的であることの証明と同様に）prf_Φ
  が帰納的述語であることを示せる．ここで Φ が帰納的に公理化されている
  という仮定を本質的に用いる．

- すると

  $\qquad \mathsf{thm}_\Phi(x)$ が真 $\iff$ $\mathsf{prf}_\Phi(x, y)$ が真である y が存在

  が明らかになりたつ．prf_Φ は帰納的述語であるから，定義 8.12 により thm_Φ
  は RE 述語．

■

この定理の内容を直観的に，帰納的枚挙可能性を半決定可能性に読み替えて（定
理 8.13）説明すると次のようになる．論理式 A が Φ のもとで導出可能かどうか
（すなわち $\Phi \vdash A$ かどうか）チェックするためには，Φ の公理を用いた証明木を数
え上げて「証明探索」すればよい．すなわち，

$$
\mathsf{prf}_\Phi(\ulcorner A \urcorner, 0),\ \mathsf{prf}_\Phi(\ulcorner A \urcorner, 1),\ \mathsf{prf}_\Phi(\ulcorner A \urcorner, 2),\ \ldots
$$

のいずれかが真となるかどうか，最初から順番に試していけばよいというわけである．もしも $\Phi \vdash A$ ならば，この証明探索の手続きはいずれ停止し，このことからわれわれは $\Phi \vdash A$ を結論できる．もしも $\Phi \vdash A$ がなりたたない場合，この証明探索の手続きは停止せず，われわれはずっと待たされ続けることになる．

注意 9.12 定理 9.11 は述語 thm$_\Phi$ が帰納的になることを禁止していない．事実，いくつかの理論 Φ に対して thm$_\Phi$ は帰納的述語である：特筆すべき例のクラスは後で定理 9.13 において与えられる．また個別の重要な例として実閉体の理論があげられるが（文献 [6] などを参照せよ），これは**量化子除去**など，自動定理証明における重要な応用を持つ．

定理 9.13 Φ を帰納的に公理化されていて，かつ完全（定義 9.5）な理論とする．このとき (9.10) の述語 thm$_\Phi$ は帰納的である．

(証明) 証明の戦略は以下のとおりである：述語 thm$_\Phi$ が RE であることはすでに示した；さらにここでは $\mathbb{N} \setminus$ thm$_\Phi$ が RE であることを示す．すると定理 8.15 によって thm$_\Phi$ が帰納的であることが結論できる．

　述語 $\mathbb{N} \setminus$ thm$_\Phi$ が RE であることを示そう．任意の $y \in \mathbb{N}$ に対して次は同値である．

thm$_\Phi(y)$ が偽 　　　　　　　　　　　　　　　　　　　　　　　　　　　　(9.11)

$\Longleftrightarrow$　fml(y) が偽であるか，または，$y = \ulcorner A \urcorner$ かつ $\Phi \not\vdash A$ なる A が存在

　　　　　　　　　　　　　　　　　　　　　　　　　　　　　　　　(9.12)

$\overset{(*)}{\Longleftrightarrow}$　fml(y) が偽であるか，または，$y = \ulcorner A \urcorner$ かつ $\Phi \not\vdash \forall \vec{x}. A$ なる

　　A が存在 　　　　　　　　　　　　　　　　　　　　　　　　　(9.13)

$\overset{(\dagger)}{\Longleftrightarrow}$　fml(y) が偽であるか，または，$y = \ulcorner A \urcorner$ かつ $\Phi \vdash \neg \forall \vec{x}. A$ なる

　　A が存在 　　　　　　　　　　　　　　　　　　　　　　　　　(9.14)

$\Longleftrightarrow$　fml(y) が偽であるか，または thm$_\Phi($neg$($univClosure$(y)))$ が真　(9.15)

ここで fml は補題 9.8 の述語であり，$\forall \vec{x}. A$ は A の全称閉包（定義 5.4）であり，また関数 neg および univClosure は補題 9.8 のものである．$(*)$ の同値性は定理 9.3 の証明の冒頭でも説明した同値性「$\Phi \vdash A \Longleftrightarrow \Phi \vdash \forall \vec{x}. A$」に他ならない．また

180   9 Gödel の不完全性定理

(†) の同値性は Φ の完全性（定義 9.5）によってなりたつ（$\forall \vec{x}. A$ は閉論理式であることに注意）．いまここで，

- 述語 fml は帰納的であり（補題 9.8），また

- 述語

$$\lambda y. \, \mathsf{thm}_\Phi(\mathsf{neg}(\mathsf{univClosure}(y)))$$

は RE である．このことは，thm_Φ が RE であること（定理 9.11）および neg, univClosure が帰納的・全域的であること（補題 9.8）から，命題 8.18 の (2) を用いて導かれる．

ゆえに述語 (9.15) は RE であり，このことから thm_Φ の否定 $\mathbb{N} \setminus \mathsf{thm}_\Phi$ が RE であることが結論できる． ∎

この定理（定理 9.13）の主張こそが，上で「(9.8) の分類の『切り口』は単純なものになってしまう」といったことの正確な内容である．さらに言い換えると：仮に，帰納的に公理化された理論 Φ が (9.6) をみたすようなことがあるとすると，補題 9.6 によって Φ は完全な理論でなければならない．しかしそうすると，定理 9.13 によって述語 thm_Φ——すなわち，与えられた論理式が Φ のもとで導出可能かどうか——が決定可能になってしまう．

9.4　自然数構造における恒真性の決定不可能性

本節では，自然数全体のなす構造 $\mathbb{N}$ における恒真性，すなわち

$$\mathsf{arithTruth}(x) \text{ が真} \quad \overset{\text{定義}}{\Longleftrightarrow} \quad x = \ulcorner A \urcorner \text{ かつ } \mathbb{N} \models A \text{ となる論理式 } A \text{ が存在する}$$
(9.16)

によって定義される述語 $\mathsf{arithTruth} \subseteq \mathbb{N}$ の決定不可能性を示す．前節の結果——一階述語論理における，帰納的に公理化された理論による分類の複雑さの限界——と合わせることで，これは不完全性定理の証明となる．$\mathsf{arithTruth} \subseteq \mathbb{N}$ の決定不可能性の証明は，これまでと同様に，対角線論法（「自己言及＋否定的ツイスト」）による．

関数記号と述語記号を (9.5) の $\mathbf{FnSymb_a}$, $\mathbf{PdSymb_a}$ に固定したことを再度確認しておく．

定義 9.14 (数項) 自然数 $x \in \mathbb{N}$ それぞれに対して，それに対応する**数項** k_x を次のように定義する．

$$k_x :\equiv \mathsf{s}(\mathsf{s}(\cdots \mathsf{s}(0))) \quad \text{ただし } \mathsf{s} \text{ は } x \text{ 回現れる．}$$

次の事実は以下の対角線論法による証明のキーとなる．その意味するところは，帰納的関数や帰納的述語に関する議論が（記号 $\mathbf{FnSymb_a}$ および $\mathbf{PdSymb_a}$ を用いる）述語論理によって「模倣できる」ことである．この証明——「一階述語論理におけるプログラミング」のような証明である——はここでは述べない．興味のある読者は教科書 [6] 他を参照されたい．

定理 9.15 (表現可能性) 任意の帰納的述語 $P \subseteq \mathbb{N}$ は，$\mathbf{FnSymb_a}$ の関数記号と $\mathbf{PdSymb_a}$ の述語記号を用いて，述語論理のある論理式によって**表現される**．より正確には，任意の変数 $u \in \mathbf{Var}$ に対して，$\mathrm{FV}(A) = \{u\}$ なる論理式 A が存在し，任意の自然数 $x \in \mathbb{N}$ に対して

$$P(x) \text{ が真} \iff \mathbb{N} \models A[k_x/u] \tag{9.17}$$

がなりたつ．

定理 9.16 述語 arithTruth は帰納的（すなわち決定可能）ではない．

(証明) 帰納的であると仮定して矛盾を導く．まず任意に変数 $u \in \mathbf{Var}$ を一つ固定する．次の 2 項述語を考えよう．

$$\boldsymbol{\lambda} x. \boldsymbol{\lambda} y. \, \mathsf{arithTruth}(\mathsf{subst}(x, \ulcorner k_y \urcorner, \ulcorner u \urcorner))$$

ここで subst は補題 9.8 の帰納的関数であり，$\mathsf{subst}(\ulcorner A \urcorner, \ulcorner k_y \urcorner, \ulcorner u \urcorner) = \ulcorner A[k_y/u] \urcorner$ をみたすのであった．

ここで対角線論法のために「自己言及 + 否定的ツイスト」を行う．具体的には，次の 1 項述語を考える．

$$\boldsymbol{\lambda} x. \, \neg \mathsf{arithTruth}(\mathsf{subst}(x, \ulcorner k_x \urcorner, \ulcorner u \urcorner)) \tag{9.18}$$

arithTruth が帰納的であると仮定したので，命題 8.18 の (1) および関数 subst が全域的かつ帰納的である事実より，この述語 (9.18) も帰納的である．

ここで定理 9.15 により，上の述語 (9.18) を表現する述語論理式 A（ただし $FV(A) = \{u\}$）が存在する．すると，この論理式 A は任意の $x \in \mathbb{N}$ に対して次をみたす．

$\neg\mathsf{arithTruth}(\mathsf{subst}(x, \ulcorner k_x \urcorner, \ulcorner u \urcorner))$

$\Longleftrightarrow \quad \mathbb{N} \models A[k_x/u]$ $\hspace{3em}$（A が述語 (9.18) を表現するため）

$\Longleftrightarrow \quad \mathsf{arithTruth}(\ulcorner A[k_x/u] \urcorner)$ $\hspace{3em}$（$\mathsf{arithTruth}$ の定義 (9.16) より）

$\Longleftrightarrow \quad \mathsf{arithTruth}(\mathsf{subst}(\ulcorner A \urcorner, \ulcorner k_x \urcorner, \ulcorner u \urcorner))$

自然数 x として特に $x = \ulcorner A \urcorner$ をとろう（自己言及！）．すると

$$\neg\mathsf{arithTruth}(\mathsf{subst}(\ulcorner A \urcorner, \ulcorner k_{\ulcorner A \urcorner} \urcorner, \ulcorner u \urcorner))$$

$$\Longleftrightarrow \quad \mathsf{arithTruth}(\mathsf{subst}(\ulcorner A \urcorner, \ulcorner k_{\ulcorner A \urcorner} \urcorner, \ulcorner u \urcorner))$$

となり，矛盾が導かれた． $\hspace{2em}$ ■

以上を用いて，われわれの最初の問い (9.6) に（否定的な）回答を与える．

定理 9.17 (不完全性) $\mathbf{FnSymb_a}$ の関数記号と $\mathbf{PdSymb_a}$ の述語記号を用いた述語論理について考える．論理式の自然数構造における恒真性（すなわち「算術における真理」）をちょうど特徴付けるような，帰納的に公理化された理論 Φ は存在しない．

すなわち，より正確にいうと，

$$\Phi \vdash A \quad \Longleftrightarrow \quad \mathbb{N} \models A \tag{9.19}$$

が任意の論理式 A についてなりたつような，帰納的に公理化された理論 Φ は存在しない．

(証明) そのような理論 Φ が存在すると仮定する．すると定義 9.5 および補題 9.6 より Φ は完全な理論である．さらに Φ は帰納的に公理化されていると仮定したから，定理 9.13 より述語 thm_Φ は帰納的になる．しかし一方で (9.19) は 1 項述語の間の等しさ $\mathsf{thm}_\Phi = \mathsf{arithTruth}$ を導くので，上記は定理 9.16 に矛盾． $\hspace{2em}$ ■

参考文献

[1] S. Awodey: *Category Theory* (Oxford Logic Guides), Oxford University Press (2006).

[2] J.Y. Girard, Y. Lafont and P. Taylor: *Proofs and Types*, Cambridge University Press (1989). Available online.

[3] R. Goldblatt: *Topoi: The Categorial Analysis of Logic* (Dover Books on Mathematics), Dover Publications (2006).

[4] P. Lindström: "Aspects of Incompleteness", *Lecture Notes in Logic*, vol. 10, Springer-Verlag (1997). Available online.

[5] S. マックレーン著, 三好博之, 高木理訳：圏論の基礎, 丸善出版 (2012).（原著：S. Mac Lane: *Categories for the Working Mathematician*, Springer-Verlag New York (1978).）

[6] J.R. Shoenfield: *Mathematical Logic*, Addison-Wesley (1967).

[7] R.I. Soare: "Computability and recursion", *Bulletin of Symbolic Logic*, 2:284–321 (1996).

[8] M.H. Sørensen and P. Urzyczyn: "Lectures on the Curry–Howard Isomorphism", *Studies in Logic and the Foundations of Mathematics*, vol. 149, Elsevier Science Inc., New York (2006).

[9] T. レンスター著, 斎藤恭司監修, 土岡俊介訳：ベーシック圏論——普遍性からの速習コース, 丸善出版 (2017).（原著：T. Leinster: *Basic Category Theory*, Cambridge University Press (2014). Available online.）

[10] G. Takeuti: *Proof Theory*, 2nd ed. North-Holland (1987).

[11] D. van Dalen: *Logic and structure*, 2nd ed. Springer (1983).

[12] 菊池誠：不完全性定理, 共立出版 (2014).

[13] 結城浩：数学ガール／ゲーデルの不完全性定理, SB クリエイティブ (2009).

[14] 戸次大介：数理論理学, 東京大学出版会 (2012).

[15] 高橋正子：計算論——計算可能性とラムダ計算, 近代科学社 (1991).

[16] 鹿島亮：「第一不完全性定理と第二不完全性定理」, 不完全性定理と算術の体系（ゲーデルと 20 世紀の論理学 3）, 東京大学出版会 (2007).

[17] 鹿島亮：C 言語による計算の理論, サイエンス社 (2008).

[18] 鹿島亮：数理論理学, 朝倉書店 (2009).

[19] 小野寛晰：情報科学における論理, 日本評論社 (1994).

[20] 松阪和夫：集合・位相入門, 岩波書店 (1968).

– 183 –

[21] 照井一成：コンピュータは数学者になれるのか？ 数学基礎論から証明とプログラムの理論へ，青土社 (2015).

[22] 新井敏康：数学基礎論，岩波書店 (2011).

[23] 大堀淳：プログラミング言語の基礎理論，共立出版 (2019).

[24] 田中一之：数の体系と超準モデル，裳華房 (2002).

[25] 萩谷昌己，西崎真也：論理と計算のしくみ，岩波書店 (2007).

記号一覧

$\subseteq$ 部分集合 5

$X \cong Y$ 集合の同型 6

$f : X \hookrightarrow Y$ 単射 6

$f : X \stackrel{\cong}{\hookrightarrow} Y$ 全単射 6

$f : X \twoheadrightarrow Y$ 全射 6

$(X_i)_{i \in I}$ 集合族 7

$(x_i)_{i \in I}$ 族 7

$\emptyset$ 空集合 7

$\mathbb{N}$ 自然数全体の集合 $\{0, 1, 2, \ldots\}$ 7

$X \sqcup Y, \bigsqcup_{i \in I} X_i$ 集合の排他的和 8

$X \cap Y, \bigcap_{i \in I} X_i$ 集合の共通部分 8

$X \cup Y, \bigcup_{i \in I} X_i$ 集合の和 8

$X + Y, \coprod_{i \in I} X_i$ 集合の直和 9

$X \times Y, \prod_{i \in I} X_i$ 直積 9

$\mathcal{P}(X)$ 冪集合 10

(二重線の横棒) 一対一の対応 10

$Y^X, X \Rightarrow Y$ 関数空間 12

id_X 恒等関数 12

$g \circ f$ 関数合成 12

$f : X \rightharpoonup Y$ 部分関数 13

χ_S 特性関数 15

$S \circ R$ 関係合成 17

R^* (関係 R の) *-閉包 18

X/R 商集合 20

$[x]_R$ 同値類 20

π_R (商集合への)射影 21

$\sim_f$ 関数 f のカーネル 21

$x \wedge y$ (束の)交わり 25

$x \vee y$ (束の)結び 25

$\bigvee S$ (束の)結び 26

$\bigwedge S$ (束の)交わり 26

$\perp_X$ 最小元 27

$\top_X$ 最大元 27

Σ シグニチャ 39

Var 変数の(可算無限)集合 40

$\mathrm{FV}(\_)$ 自由変数 41

$\mathbf{s}[\mathbf{t}/\mathbf{x}]$ ($\mathbf{s}$ における $\mathbf{x}$ の現れに $\mathbf{t}$ を)代入 42

$\equiv$ 構文論的に等しい 42

(Σ, E) 代数仕様 44

$\vdash_{(\Sigma, E)} \mathbf{s} = \mathbf{t}$ (等式論理における)証明可能性 46

$[\![\sigma]\!]_X$ 演算子 σ の解釈(等式論理) 48

$[\![\mathbf{t}]\!]_{X, J}$ 項の意味(等式論理) 49

$J[\mathbf{x} \mapsto a]$ 付値のアップデート 51

$\models_{(\Sigma, E)} \mathbf{s} = \mathbf{t}$ 等式の恒真性 53

PVar 命題変数の(可算無限)集合 67

– 185 –

186   記 号 一 覧

$A \wedge B$ 連言   68

$A \supset B$ 含意   68

$A \vee B$ 選言   68

FV(＿)   自由変数   68

PFml   命題論理式全体の集合   68

$\neg A$ 否定   68

$\bigvee \Gamma$ 列の選言の略記   69

$\bigwedge \Gamma$ 列の連言の略記   69

$\bot$ ボトム，空列の選言   69

$\top$ トップ，空列の連言   69

$A_1, \ldots, A_m \Rightarrow B_1, \ldots, B_n$ シーケント   70

$\vdash A$ 論理式 A の証明可能性   71

$\vdash \Gamma \Rightarrow \Delta$ （命題論理における）証明可能性   71

$[\![A]\!]_J$ 論理式の意味（命題論理）   76

$A \cong B$ 論理的同値   78

$[\![\Gamma \Rightarrow \Delta]\!]_J$ シーケントの意味（命題論理）   79

$\models \Gamma \Rightarrow \Delta$ シーケントの恒真性   79

FnSymb   関数記号の集合   87

PdSymb   述語記号の集合   87

$\exists$ 存在量化子   87

$\forall$ 全称量化子   87

Var   変数の（可算無限）集合   88

$[\![t]\!]_{\mathbb{S},J}, [\![A]\!]_{\mathbb{S},J}$ 意味（述語論理）   97

$\Phi \vdash \Gamma \Rightarrow \Delta$ 理論 Φ のもとでの証明可能性   107

$\mathrm{Mod}(\Phi)$ 理論 Φ のモデル全体のクラス   114

$\mathbb{S} \models \Phi$ 構造 $\mathbb{S}$ は理論 Φ のモデルである   114

proj   射影関数   122

succ   後者関数   122

zero   ゼロ関数   122

$x \mathbin{\dot{-}} y$ 正規化減算   125

$G(x_0, \ldots, x_{m-1})$ Gödel 数   143

$\langle x_0, \ldots, x_{m-1} \rangle$ Gödel 数   144

$\Phi \models A$ 理論 Φ のもとで恒真   169

索　引

欧　文

∗-閉包 (∗-closure)　18

α 同値性 (α-equivalence)　91

λ 記法 (λ-notation)　121, 127

λ 計算 (λ-calculus)　122

μ 再帰関数 (μ-recursive function)　119

(Σ, E) 代数 ((Σ, E)-algebra)　53

Σ 項 (Σ-term)　40

Σ 代数 (Σ-algebra)　48

Ackermann 関数 (Ackermann function)　135

Church–Turing の提題　⇒ Church の提題

Church の提題 (Church's thesis)　148

CNF　⇒ 連言標準形

Curry–Howard 対応 (Curry–Howard correspondence)　68

DNF　⇒ 選言標準形

Gödel 数 (Gödel number)　143, 176

Gödel の完全性定理 (Gödel's completeness theorem)　103

Gödel の第一不完全性定理 (Gödel's first incompleteness theorem)　174

Gödel の不完全性定理 (Gödel's incompleteness theorem)　55, 103

Kleene 等号 (Kleene equality)　135

Kleene 標準形 (Kleene's normal form)　147

LK

　述語論理の——　94

　命題論理の——　71

PR　⇒ 原始帰納的

RE　⇒ 帰納的枚挙可能

Rice の定理　158

s-m-n 定理　155

while プログラム (while program)　119, 139

　正規形——　142

あ　行

一対一対応 (bijective correspondence)　6

意味 (denotation)　97

　等式論理の項の——　49

　命題論理のシーケントの——　79

　命題論理の論理式の——　76

意味論 (semantics)　48

演繹閉包 (deductive closure)　177

演算子 (operation)　39

オブジェクト言語 (object language)　37

か　行

カーネル (kernel)　21

解釈 (interpretation)　97

下限 (infimum)　⇒ 交わり

可算集合 (countable set)　7

可算無限集合 (countably infinite set)　7

型付き λ 計算 (typed λ-calculus)　69

カット (cut)　72

カット論理式 (cut formula)　71, 105

カノニカル (canonical)　13

カノニカル付値 (canonical valuation)　62

カリー化 (Currying)　14

カリー–ハワード対応　⇒ Curry–Howard 対応

カルテジアン積 (Cartesian product)　⇒ 積

含意 (implication)　68

関係合成 (relational composition)　17

188　　索　　引

関数 (function)　11
関数記号 (function symbol)　87
関数空間 (function space)　12
関数合成 (functional composition)　12
完全 (complete)
　——な理論　174
完全性 (completeness)
　強——　111
　述語論理の——　103
　等式論理の——　54, 58
完備束 (complete lattice)　27
擬順序 (pseudo order)　⇒ 前順序
帰納的 (recursive)
　関数　132
　述語　137
帰納的関数 (recursive function)　119
　全域的—— (total)　135
　普遍—— (universal)　151
帰納的定義 (inductive definition)　40
帰納的に公理化された理論 (recursively
　axiomatized theory)　173, 177
帰納的枚挙可能 (recursively enumerable)
　述語　137, 159
強完全性 (strong completeness)　111, 169
狭義順序 (strict order)　25
共通部分 (intersection)
　集合の　8
極大無矛盾対 (maximally consistent pair)
　82
空関数 (empty function)　12
空集合 (empty set)　7
計算可能関数 (computable function)　119,
　148
形式論理 (formal logic)　31
ゲーデル数　⇒ Gödel 数
ゲーデルの完全性定理　⇒ Gödel の完全
　性定理
ゲーデルの不完全性定理　⇒ Gödel の不
　完全性定理
決定可能 (decidable)
　述語　137

半——　160
原始帰納的 (primitive recursive)
　関数　122
　述語　127
原子論理式 (atomic formula)　89
健全性 (soundness)
　述語論理の　101
　等式論理の　54, 55
　命題論理の　81
項 (term)　40, 87
　述語論理の　88
交換 (exchange)　72
後者関数 (successor function)　122, 133
恒真 (valid)　98
　シーケントが　79
　等式が　52, 53
　理論 Φ のもとで　169
合成 (composition)
　関係の　⇒ 関係合成
　関数の　⇒ 関数合成
構造 (structure)　97
　一階の (first-order)　97
　超準 (nonstandard)　104
構造規則 (structural rule)　72
恒等関数 (identity function)　12, 123
構文論 (syntax)　47
構文論的に等しい (syntactically equal)
　42
公理 (axiom)　34, 44, 107
公理化可能 (axiomatizable)　115
公理型 (axiom scheme)　45
公理系 (axiomatic system)　44
公理的集合論 (axiomatic set theory)　5
コード (code)
　帰納的関数の　151
個体 (individual)　87
古典論理 (classical logic)　71
固有変数条件 (Eigenvariable condition)
　95
コンパクト性 (compactness)　106, 111
コンビネータ論理 (combinatory logic)　70

さ 行

最小化演算子 (minimization) 132
最小元 (minimum) 27
最大元 (maximum) 27
算術階層 (arithmetical hierarchy) 164
シーケント (sequent) 70, 94
シーケント計算 (sequent calculus) 70
シグニチャ (signature) 39
始シーケント (initial sequent) 72
辞書式順序 (lexicographic order) 25
自然演繹 (natural deduction) 69
射影 (projection)
　商集合への 21
射影関数 (projection fuction) 122, 133
弱化 (weakening) 72
集合族 (family of sets) 7
充足可能 (satisfiable) 78, 99
　理論が 110
自由代数 (free algebra) 59
自由な (free)
　——変数の現れ 89
自由変数 (free variable) 41, 68, 90
縮約 (contraction) 72
述語 (predicate) 126
　帰納的—— (recursive) 137
　帰納的枚挙可能—— (recursively enumerable) 159
　決定可能—— (decidable) 137
　原始帰納的—— (primitive recursive) 127
述語記号 (predicate symbol) 87
順序 (order) 24
順序関係 (order) ⇒ 順序
順序集合 (partially ordered set (poset)) 24
上位集合 (superset) 6
上限 (supremum) ⇒ 結び
商集合 (quotient set) 20
証明 (proof) ⇒ 証明木
証明可能 (provable) 46, 71
　理論のもとで 107

証明木 (proof tree) 46, 71
証明支援系 (proof assistant) 91
証明の正規化 (proof normalization) 106
証明論 (proof theory) 70, 106
真偽値 (truth value)
　等式の 52
真理値表 (truth table) 77
推移的 (transitive)
　関係 19
推論規則 (inference rule) 45
数項 (numeral) 181
スコープ (scope) 89
正規化減算 (normalized subtraction) 125
正規形 while プログラム (normalized while program) 142
整列集合 (well-ordered set) 112
積 (product)
　集合の 8
ゼロ関数 (zero function) 122, 132
全域関数 (total function) 13
全域的 (total)
　帰納的関数 135
線形順序 (linear order) ⇒ 全順序
選言 (disjunction) 68
選言標準形 (disjunctive normal form) 80
全射 (surjection) 6
前者関数 (predecessor function) 123
全順序 (total order) 25
前順序 (preorder) 24
全称閉包 (universal closure) 107
全称量化子 (universal quantifier) 87
全称量化論理式 (universally quantified formula) 89
全単射 (bijection) 6
束 (lattice) 27
族 (family) 7
束縛されている (bound) 89
束縛する (bind) 89
素朴集合論 (naive set theory) 5
存在量化子 (existential quantifier) 87
存在量化論理式 (existentially quantified

190　索　引

formula)　89

た　行

対角関係 (diagonal relation)　17
台集合 (carrier set, underlying set)　48
対称的 (symmetric)
　関係　19
代数 (algebra)
　(Σ, E) 代数　53
　Σ 代数　48
代数シグニチャ(algebraic signature)　⇒
　　シグニチャ
代数仕様 (algebraic specification)　44
代入 (substitution)　42
代入について閉じている (substitution closed)
　47
高さ (height)　40
タブロー法 (tableau method)　70
単位元 (unit)　27
単射 (injection)　6
値域 (codomain)　6
抽象構文木 (abstract syntax tree)　35
超準構造 (nonstandard structure)　104,
　172
直積 (Cartesian product)　8
直和 (coproduct)　9
直観主義論理 (intuitionistic logic)　71
定義域 (domain)　6
定義域 (domain of definition)
　部分関数の　13
停止問題 (halting problem)　153
定数記号 (constant symbol)　39
定理証明器 (theorem prover)　91
同型 (isomorphic)　6
等式 (equation)　43
等式論理 (equational logic)　33, 36
導出可能 (derivable)　⇒ 証明可能
　——な導出規則　73
導出木 (derivation tree)　⇒ 証明木
導出規則 (derivation rule)
　述語論理の　94

　等式論理の　44
　命題論理の　71
導出規則型 (rule scheme)　46
導出体系 (derivation system, deductive
　　system)　54
同値関係 (equivalence relation)　20
同値閉包 (equivalence closure)　24
同値類 (equivalence class)　20
トートロジー (tautology)　77
特性関数 (characteristic function)　15
トップ (top)　69
ド・モルガン則 (de Morgan's laws)　79,
　99

な　行

内部 (interior)　28
二項関係 (binary relation)　11, 16
二重否定の除去 (double negation elimi-
　nation)　71
濃度が等しい (have the same cardinal-
　ity)　6

は　行

パースの法則 (Peirce's law)　78
排他的和 (disjoint union)　8
排中律 (law of excluded middle)　71
パターンマッチ (pattern matching)　41
パラメータ定理　155
半決定可能 (semidecidable)　160
反射推移閉包 (reflexive and transitive
　closure)　22
反射的 (reflexive)
　関係　19
半順序 (partial order)　⇒ 順序
半順序集合 (partially ordered set, poset)
　⇒ 順序集合
反対称的 (antisymmetric)
　関係　24
反例モデル (counter-model)　58
否定 (negation)　68

否定定理 (negation theorem) 163
等しい (equal)
　集合が　6
表現可能性 (representability)　181
標準形 (normal form)
　Kleene——　147
標準的な (canonical)　⇒ カノニカル
ヒルベルト流 (Hilbert style)　70
非論理公理 (non-logical axiom)　107
不完全性 (incompleteness)　103, 171, 182
付値 (valuation)　49, 76, 97
部分関数 (partial function)　13
部分集合 (subset)　5
部分評価 (partial evaluation)　156
部分論理式特性 (subformula property)
　105
普遍帰納的関数 (universal recursive function)　151
普遍代数学 (universal algebra)　37
文 (sentence)　⇒ 閉論理式
分配則 (distributive laws)　79
閉論理式 (closed formula)　91
冪集合 (power set)　10
変数 (variable)　37, 40, 88
変数束縛子 (variable binder)　89
変数の現れ (occurrence of a variable)
　自由な——　89
　束縛されている——　89
捕捉回避代入 (capture-avoiding substitution)　93
ボトム (bottom)　69

ま　行

交わり (meet)　26
無限下降列 (infinite descending chain)
　113
矛盾している (inconsistent)
　理論が　109
結び (join)　25, 26
無矛盾 (consistent)
　理論が　109

無矛盾対 (consistent pair)　82
　極大—— (maximal)　82
命題変数 (propositional variable)　67
命題論理式 (propositional formula)　68
メタ言語 (metalanguage)　37
メタ数学 (metamathematics)　38, 47
メタ定理 (metatheorem)　39, 105
メタ変数 (metavariable)　37
モデル (model)　49, 97
　理論の　114

や　行

有界最小化演算子 (bounded minimization)　130
有界積 (bounded product)　125
有界和 (bounded sum)　125
有向グラフ (directed graph)　16
誘導される (induced)　21
ユニバース (universe)　97

ら　行

ランク (rank)　39
リテラル (literal)　80
領域 (domain)　97
量化子 (quantifier)　87
　全称—— (universal)　87
　存在—— (existential)　87
量化子除去 (quantifier elimination)　179
理論 (theory)　106
　帰納的に公理化された—— (recursively axiomatized)　173, 177
理論のもとでの証明可能性 (provability within a theory)　107
連言 (conjunction)　68
連言標準形 (conjunctive normal form)
　80
論理規則 (logical rule)　72
論理結合子 (logical connective)　67, 68
論理公理 (logical axiom)　107
論理式 (formula)

述語論理の　89
　　閉 (closed)　91
　　命題論理の　68
論理的同値 (logically equivalent)
　　述語論理の——　99
　　命題論理の——　78

わ　行

和 (join)
　　集合の　8
和集合 (union)　8

東京大学工学教程

編纂委員会 　加　藤　泰　浩 (委員長)
　　　　　　相　田　　　仁
　　　　　　浅　見　泰　司
　　　　　　大久保　達　也
　　　　　　北　森　武　彦
　　　　　　小　芦　雅　斗
　　　　　　佐久間　一　郎
　　　　　　関　村　直　人
　　　　　　染　谷　隆　夫
　　　　　　高　田　毅　士
　　　　　　永　長　直　人
　　　　　　野　地　博　行
　　　　　　原　田　　　昇
　　　　　　藤　原　毅　夫
　　　　　　水　野　哲　孝
　　　　　　光　石　　　衛
　　　　　　求　　　幸　年 (幹　事)
　　　　　　吉　村　　　忍

情報工学編集委員会 　萩　谷　昌　己 (主　査)
　　　　　　坂　井　修　一
　　　　　　廣　瀬　通　孝
　　　　　　松　尾　宇　泰

2024 年 8 月

著者の現職

蓮尾　一郎（はすお・いちろう）
国立情報学研究所アーキテクチャ科学研究系 教授
浅田　和之（あさだ・かずゆき）
東北大学電気通信研究所 助教

東京大学工学教程　情報工学
形式論理と計算可能性

令和 6 年 9 月 30 日　発　行

編　　者　　東京大学工学教程編纂委員会

著　　者　　蓮尾　一郎
　　　　　　浅田　和之

発 行 者　　池　田　和　博

発 行 所　　丸善出版株式会社

〒101-0051 東京都千代田区神田神保町二丁目17番
編集：電話 (03) 3512-3266／FAX (03) 3512-3272
営業：電話 (03) 3512-3256／FAX (03) 3512-3270
https://www.maruzen-publishing.co.jp

Ⓒ The University of Tokyo, 2024

組版印刷・製本／三美印刷株式会社

ISBN 978-4-621-31014-4　C 3355　　　　　　Printed in Japan

JCOPY 〈（一社）出版者著作権管理機構　委託出版物〉
本書の無断複写は著作権法上での例外を除き禁じられています．複写
される場合は，そのつど事前に，（一社）出版者著作権管理機構（電話
03-5244-5088, FAX 03-5244-5089, e-mail：info@jcopy.or.jp）の許諾
を得てください．